重庆市成人教育系列读本

家禽养殖
JIAQIN YANGZHI
JISHU ZHINAN
技 术 指 南

主　编　彭茂辉　彭津津

副主编　陈亚强　张乐宜　郭云霞

孙洪新　李　婷　陶　莉

U0379563

重庆大学出版社

图书在版编目(CIP)数据

家禽养殖技术指南／彭茂辉，彭津津主编. --重庆：

重庆大学出版社,2020.5

重庆市成人教育系列读本

ISBN 978-7-5689-2165-7

Ⅰ.①家… Ⅱ.①彭… ②彭… Ⅲ.①家禽-饲养管

理-指南 Ⅳ.①S83-62

中国版本图书馆 CIP 数据核字(2020)第 083588 号

家禽养殖技术指南

主 编 彭茂辉 彭津津
策划编辑:陈一柳
责任编辑:李桂英 版式设计:陈一柳
责任校对:邹 忌 责任印制:赵 晟
*
重庆大学出版社出版发行
出版人:饶帮华
社址:重庆市沙坪坝区大学城西路 21 号
邮编:401331
电话:(023) 88617190 88617185(中小学)
传真:(023) 88617186 88617166
网址:http://www.cqup.com.cn
邮箱:fxk@ cqup.com.cn(营销中心)
全国新华书店经销
重庆升光电力印务有限公司印刷
*
开本:787mm×1092mm 1/16 印张:7.25 字数:82 千
2020 年 5 月第 1 版 2020 年 5 月第 1 次印刷
ISBN 978-7-5689-2165-7 定价:18.00 元

前言

老年人是国家和社会的宝贵财富,发展老年教育是积极应对人口老龄化、实现教育现代化、建设学习型社会的重要举措,是满足老年人多样化学习需求,提升老年人生活品质,促进社会和谐的必然要求。

为认真贯彻落实《国务院办公厅关于印发老年教育发展规划(2016—2020年)的通知》(国办发〔2016〕74号)和《重庆市人民政府办公厅关于老年教育发展的实施意见》(渝府办发〔2017〕192号)的要求,结合重庆市家禽养殖特点,编制了本书。

本书主要有以下几个特色:

①内容符合当地特点。本书内容注重切合重庆市实际,能让老年人结合生活实际进行应用。

②技术实用易上手。本书所讲解的技术均为家禽养殖的实用技术,采用浅显易懂的语句进行描述,让读者更易理解、掌握。

③版式易读。本书图文并茂,文字通俗易懂,字体、字号符合老年人的阅读习惯。

本书在编写过程中,虽然我们本着科学、严谨的态度,力求精益求精,但难免有所不足,敬请广大读者批评指正。

编　者

2019 年 10 月 5 日

目　录

第一部分
认识家禽养殖

　　家禽是指经过人类长期驯化和培育而成,在家养条件下能正常生存繁衍并能为人类提供肉、蛋等产品的鸟类。家禽主要包括鸡、鸭、鹅、火鸡、鸽、鹌鹑、珠鸡、鸵鸟等。其中鸡、鸭、鹌鹑主要分为蛋用和肉用两种类型,其余的家禽多为肉用动物。鸭和鹅合称为水禽。

　　想要养好家禽,需要科学的养殖规划,要从各种条件入手进行准备。下面对家禽养殖需要的几个重要步骤进行阐述。

第一讲　认识家禽

家禽具有繁殖力强、生长迅速、饲料转化率高、适应密集饲养等特点,能在短生产周期内以低成本生产出营养丰富的蛋、肉产品,是人类理想的动物蛋白食品来源。

现代集约化养禽(图 1-1)具有生产周期短、资金周转快、生产效率高的特点。肉鸡和肉鸭 7～8 周出场,蛋鸭和蛋鸡 16～20 周开始产蛋,当年投资当年即可获利,是资金周转最快的养殖业之一。现代肉仔鸡 7 周体重可达 2.2 千克,每增重 1 千克只需要饲料 2 千克左右。肉鸭 8 周体重可达 3～3.5 千克。仔鹅生长更快,9 周体重就可达 3.5～4 千克。蛋禽生产效率也相当可观,现代商品杂交鸡性成熟早,20 周开始产蛋,25～26 周即可进入产蛋高峰期,年产蛋 300～340 枚。

图 1-1　现代集约化养鸡

一、家禽生长阶段

家禽按照不同用途一般分为两类:肉用和蛋用。不同用途的家禽有着不同的生长阶段,大致上可以分为三个阶段:育雏(仔)阶段、育成(青年)阶段(对于鹅来说也可叫中鹅阶段)和育肥(产蛋)阶段(表1-1)。通常来说,育雏(仔)阶段家禽抵抗力最差,需要精

鸡蛋的形成　扫码观看

心照料;育成(青年)阶段家禽生长速度最快,是骨骼、肌肉发育的最好时机;育肥(产蛋)阶段是家禽凸显生产性能的阶段,肉禽即将出栏,蛋禽开始产蛋。

表1-1　不同家禽的生长阶段

类型	育雏(仔)阶段	育成(青年)阶段	育肥(产蛋)阶段
肉鸡	0~3周	4~6周	7周~出栏
蛋鸡	1~6周	7~20周	21~72周
肉鸭	0~3周	4周~出栏	
蛋鸭	0~4周	5~16周	17~72周
鹅	0~4周	5~10周	11周~出栏

二、家禽生产步骤

不同家禽养殖的生产步骤基本一致,一般要经历以下几个环节。

首先,要选择养殖品种,根据养殖品种选择合适的养殖地点。选择合适的养殖地点可以避免很多养殖问题,对疫病的防控也有

很大帮助。

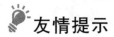
友情提示

> 要根据饲养目的、市场环境、地理特性等因素选择品种，切记不能跟风、盲目选择家禽品种。

其次,要准备养殖设施和设备,包括养殖的禽舍、饲喂设备、禽笼等。禽舍必须经过彻底的清洗消毒才能使用。

再次,在孵化场选雏或自行购买种蛋孵化,现在自行孵化不常见。专门的孵化场运用大型孵化机,孵化效率高、成活率高,大多数禽户都是直接买种苗进行饲养。种苗要选择有保障、品种优良,且经过免疫的。

小贴士

> 选雏时一定要一只只地选择，挑活力强、叫声亮、毛色好的雏禽。

进舍养殖要严格按照养殖规程科学养殖。

最后,按照饲养目的的不同进行销售,有些销售蛋、有些销售肉禽,待售完一批家禽后,禽舍要空置并消毒,然后可进下一批家禽。

三、家禽养殖要考虑的因素

家禽养殖涉及很多环节,要考虑的因素很多,但重要的有以下几个。

（一）养殖环境

养殖环境的好坏不仅关系到家禽的健康,还关系到肉蛋以及人员的安全。因此,要将养殖场环境卫生做好,其中粪污的处理尤其重要。

（二）营养配比

营养基础是家禽正常生产的前提,要按照不同家禽阶段营养需求进行饲喂配比。目前重庆养殖多采用自配饲料或用全价饲料的方式进行。

（三）防疫消毒

现在的家禽养殖密度较大,疫病的防控尤其关键。由于家禽较为脆弱,如新城疫、高致病性禽流感等重大疫病可以一夜之间让整个养殖场覆灭,因此,要做好常规免疫和消毒。

四、应学会的关键技术

家禽养殖不仅要了解家禽的特点,懂得饲喂,还需要掌握一些操作性强的技术。

①掌握饲喂技术。饲喂是一门学问,科学的饲养技术不仅可以让家禽生产性能高,而且可以节约成本。

②掌握免疫技术。家禽疾病多,从出壳起就应开始免疫。要掌握疫苗保管、配制、点眼、滴鼻、肌肉注射、皮下注射等常规免疫技术。

③掌握消毒技术。要懂得消毒药的选择、配制,以及制订消毒计划,进行消毒。

禽蛋的保存　扫码观看

④自行孵化还需要掌握孵化技术,养殖种鸡还需要掌握人工授精技术。

📌 小贴士

家禽养殖需要掌握的技术可以通过观看在线视频或阅读相关书籍进行学习。

第二讲　饲料与投喂

一、家禽的消化特点

家禽消化道较长且复杂,不同家禽其饲料通过消化道的时间不同;对于同种而不同用途的家禽而言,其饲料通过消化道的时间也有一定的差异。以鸡为例,按精饲料计算,生长和产蛋鸡的饲料通过消化道的时间较短,约需 4 小时;非产蛋鸡约需 8 小时;蛋鸡的时间最长,一般约需 12 小时。

二、家禽的营养需要

饲料提供家禽所需的养分,是保证健康、促进生长的物质。家禽虽小,但需要 40 多种营养物质,可以概括为五大类:能量、蛋白质、矿物质、维生素、水。

（一）能量

家禽所有的生理活动,包括呼吸、运动、生长、繁殖、孵化、换羽等都需要能量。能量的来源主要是碳水化合物,其次是脂肪。玉米、大米、麦类、小米等含有丰富的碳水化合物,是饲料能量的主要来源。

（二）蛋白质

蛋白质从来源可分为植物性蛋白和动物性蛋白,其在家禽体内被分解为氨基酸。如果家禽所需的氨基酸满足不了需求,家禽就会表现出食欲减退、羽毛粗乱、生长不良、生产性能下降等症状。

（三）矿物质

矿物质具有调节机体渗透压、维持酸碱平衡的作用,同时也是家禽骨骼、血液、蛋壳等的主要组成部分。如果机体缺乏矿物质会引起代谢机能紊乱,但矿物质过多会引起中毒。

（四）维生素

维生素是维持生命和生长必需的一种物质,已知家禽所需的维生素有 13 种[脂溶性维生素 A、D、E、K,水溶性维生素 B_1（硫胺素）、B_2（核黄素）、B_6（吡醇素）、B_5（泛酸）、B_7（生物素）、B_9（叶酸）、B_{12}（钴胺酸）、B_3（尼克酸）、B_4（胆碱）],缺少则会产生各种各样的病症。

（五）水

水是一切生命的基础,其直接参与家禽的所有代谢过程。正常情况下,成年家禽一天水分消耗量相当于自身体重的 10% 左右。要注意水的供应,还要注意水的质量。

三、投喂方法

（一）饲料类型

饲料按形状可分为粉料、粒料、颗粒料和碎料。

- 粉料:形状为粉状的饲料(图 1-2)。粉料不应磨得太细,保持一定的颗粒,便于家禽采食。粉料饲喂有干喂和湿喂两种,干喂比湿喂易消化,湿喂通常会加青绿饲草。在夏天湿喂时应注意及时将未吃完的饲料清理干净,否则容易酸败。

- 粒料:谷类饲料的整颗粒。适合傍晚饲喂,多用于散养的家禽养殖(图 1-3)。

图 1-2　粉料

图 1-3　粒料

- 颗粒料:饲料进行制粒、烘干等加工程序后得到的饲料,便于贮存和运输(图 1-4)。特别适合肉用家禽。

- 碎料:由颗粒料加工而成,具有颗粒饲料的优点。适合各个年龄的家禽(图 1-5)。

图 1-4　颗粒料

图 1-5　碎料

（二）饲喂方法

1. 双定饲喂

双定饲喂又称顿喂，主要是投喂定时、定点。把一天日粮等分，定时饲喂，而且投喂地点相对固定，便于家禽形成条件反射。育成鸡和成年鸡一天可喂 3~4 次，产蛋旺季可增加到 4~5 次，仔鸡可喂 5~6 次。另外，注意早晚可喂多些，中午喂少一点，每次不要有剩余。

2. 自由采食

任家禽自由采食饲料，但应注意及时清理陈料，不要让饲料发霉（图 1-6）。这种方法用于肉用家禽。

3. 限制饲养

限制饲养是指在适当时机减少饲料供应量，达到抑制发育、控制体重、推迟性成熟等目的。

4. 分段饲养

分段饲养是指将产蛋禽的产蛋期划分为若干阶段，按不同阶段饲喂不同营养水平的饲料。一般来说，鸡的产蛋期分为三个阶

图 1-6　自由采食

段,从开产起至产蛋 20 周为第一阶段,产蛋 20~40 周为第二阶段,产蛋 40 周以后为第三阶段。前两阶段要加大投喂量和粗蛋白供应,最后一阶段可逐渐减少日粮中的粗蛋白。

💡友情提示

家禽饲喂时不要轻易改变饲喂方式,否则容易造成家禽应激,应慢慢过渡。

（三）防止饲料浪费措施

在家禽养殖中,饲料占总成本的 75% 左右,因此防止饲料浪费就是有效地降低养殖成本。通常可以采取以下措施来降低饲料的浪费:

①日粮的配比合理,营养成分不缺也不多,既能满足家禽的生长发育,又不浪费原料。

②料槽的构造和高度合适,方便家禽采食,不至于在采食过程中造成饲料的浪费。

③饲料形状和添料方法合理,最大限度地满足家禽的需求和摄食方式。

④要将未吃完的饲料及时收集起来,以便重新饲喂或饲喂其他家禽。

💡**友情提示**

> 在收集未吃完饲料的时候,一定要查看饲料是否发霉,切忌用发霉饲料饲喂家禽。

第三讲　场地的选择与设计

一、禽场的选择

家禽养殖一般是群养,要想养好家禽,就需要有一个合适的养殖场所。禽场的选择应考虑以下因素:

①交通便利。禽场的位置最好是靠近饲料的来源地区,还需交通方便。但禽场要与主干道路有一定的距离,不要太靠近路边、公共场所、居民区、学校、医院等易于传播疫病的地方。

②水源保证。禽场的供水量一定要充足,不能缺水,水源不能有污染。禽场不能建在化工厂附近,也不能建在有工业污水注入区的附近。有条件的可以打深井取水和接山泉水,但应注意消毒。总体来说,水质要符合国家畜禽养殖用水的标准。

③地势适宜。禽场最好选择在地势平坦、具有一定坡度、

背风且易于排水的地方。如果是在山区林下或山地养禽,选择的地势要考虑通风和光照,坡度不宜过大,以 30 度以下的缓坡为宜。

④排污方便。污水、污物处理应符合国家环保要求,才能进行排放,现在比较好的处理模式是农田灌溉、干稀分离和堆肥发酵技术。

⑤其他要求。供电应充足,有条件的可以严格执行人员、禽和物质运转单向流向,防止污染和疫病传播。此外,应有良好的防鼠、防虫和防鸟设施,具备良好的卫生条件,有生产记录等。

二、禽舍的设计

禽舍一般建在有一定坡度、地势较高的地方,应水源充沛,阳光充足,环境相对安静。根据开放程度,禽舍可分为开放式、封闭式和半开放式三种。开放式一般就是全部开放或简单遮蔽进行饲养;封闭式是全封闭,内有独立的通风温控系统;半开放式介于两者之间。一般大型养殖场采用封闭式(图 1-7),散养多采用开放式(图 1-8)或半开放式。鸭、鹅等水禽还应有专用的活动水池。

💡友情提示

开放式禽舍不适于常年风大的地区。禽舍在冬季寒冷时应采取一定的保温措施。

图 1-7　封闭式禽舍

图 1-8　开放式禽舍

（一）育雏舍

雏禽年龄小、绒毛少、体质弱、抵抗力低,保温是育雏舍的第一要素。可以用简易的地火炉、家庭采暖设施或锅灶相连,舍内平铺细沙或黏土,舍外可设计活动场地,供雏禽运动。水禽的专用水池设计不宜过深,水深 5~10 厘米即可。

（二）育成舍

禽舍应前高后低,便于采光。前部分的檐高为 1.8~2 米,后部分的檐高为 0.4~0.5 米,内部的进深为 5~6 米,具体可根据养殖数量适当调节。

为了便于养殖和管理,可在舍内分割出若干养殖小区,每小区 10 平方米,能容纳鹅 100 只、鸭 130 只、鸡 180 只左右。

（三）育肥舍

育肥舍一般与育成舍设计相近,密度可适度加大。

（四）产蛋舍

产蛋舍要保持安静,如果是散养,地面可铺设细沙和稻草。

第四讲　环境控制

环境控制的目的在于消除各种自然因素和人为因素对家禽的侵袭,尽量减少温差、日照时间与强度的变化对家禽的影响,营造优良的生态环境。

一、温度

温度对家禽的生长、性成熟、受精、产蛋、蛋重以及饲料报酬等都有影响。

对家禽来说,高温的影响比低温的影响更为显著,温度越高,存活的时间也就越短,如果环境温度长时间超过 40 ℃,家禽将很快因呼吸急促而死亡。现代化养殖场一般都采用水帘温控系统(图 1-9)。

图 1-9　水帘温控系统

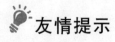友情提示

水帘温控系统投资比较大,但它在夏季的降温效果明显,同时也应注意对其进行湿度控制。

二、湿度

禽舍适宜的相对湿度为 60%。如低于 40%，幼禽易诱发呼吸道疾病，且可能因脱水而死亡；如高于 72%，家禽会诱发腹泻等多种疾病。

三、空气

禽舍空气一定要新鲜，应定时通风。

🖈 小贴士

> 禽舍可以定时通风，也可根据当天天气情况随意通风，通风程度为人在禽舍呼吸较舒适。

四、光照

光照可分为自然光照和人工光照两种。自然光照指太阳光，人工光照指灯光。

对于家禽，阳光有增进食欲，促使维生素 D 形成，促进禽体钙磷代谢、杀菌等作用。

如果阳光不足，可以通过人工光照有效地控制家禽生长发育、休产、换羽、就巢、调节性成熟等。如冬春季适当增加光照可提高鸡的产蛋量；短时间、低强度光照在鸡的育肥期有利于其体内脂肪积累。

小贴士

人工光照的光源应选用白炽灯和日光灯。

五、噪声

噪声刺激会引起啄斗、飞跃、惊恐等,会造成一些不利影响。

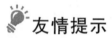

友情提示

噪声过大会致鸡突然应激死亡,长期大的噪声会引起鸡生产性能下降。

第五讲 消 毒

一、场所卫生管理和消毒要求

图 1-10 车辆消毒通道

在养殖场的大门口应对运输车辆和人员进行消毒,通常养殖场设运输车辆消毒通道(图 1-10)和人员消毒室。消毒液可以为烧碱溶液、优氯净、复合酚、戊二醛等,每周更换两次。人员消毒室可设紫外线灯,地面铺垫用消毒液浸湿,或者用雾化机进行喷雾消毒。

养殖场所内无杂草、垃圾,不准放杂物,每月用消毒液对地面消毒两次。

📌 小贴士

> 车辆消毒的重点在车轮和装载家禽的区域。

二、禽舍卫生管理和消毒要求

家禽进禽舍前,在保证禽舍干燥的情况下,舍顶和地面用消毒剂消毒一次,饮水器、料桶等用具充分清洗消毒。用福尔马林和高锰酸钾按照 2∶1 比例混合后,封闭熏蒸 24 小时,再通风两天。使用过的禽舍,应彻底清除一切物品,然后用高压水枪由上而下、由内向外冲洗,要求无羽毛、粪和灰尘(图 1-11、图 1-12)。待禽舍干燥后,再用消毒剂从上到下喷雾消毒一次。出售家禽后,撤出的设备、工具等用消毒液浸泡 30 分钟,然后用清水冲洗,阳光下暴晒 2~3 天后搬入禽舍。

图 1-11　养殖环境差　　　　图 1-12　养殖环境好

消毒剂通常可以选择 3%~5% 的烧碱溶液、生石灰溶液,也可以选择戊二醛、百毒杀等。饮水消毒通常用漂白粉。

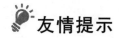 **友情提示**

> 熏蒸的烟雾会强烈刺激呼吸道，导致呼吸道损伤，所以最好戴防护面具或掩好口鼻。应先放高锰酸钾，后加甲醛，加甲醛后立即离开。

三、池塘的消毒

在鸭、鹅等水禽生产过程中，池塘水体消毒是疾病防控的一个重要环节。

常用的消毒剂有生石灰、含氯消毒剂及双链季铵盐类等。

生石灰的使用方法：将其配成 10%～20% 的溶液对水体进行泼洒消毒，每亩[*]水面（按 1 米水深计）的用量为 20~30 千克。

含氯消毒剂不仅价格便宜，而且对病毒、细菌、真菌和芽胞均有良好的杀灭作用。使用方法：每亩水面（按 1 米水深计）使用 1~1.5 千克。存放过程中应注意将漂白粉密闭保存于阴暗干燥处，最好不超过 12 个月。二氯异氰尿酸钠的有效氯含量为 60% 左右，使用方法：每亩水面（按 1 米水深计）使用 0.2~0.5 千克。尽管其化学性质稳定，室内放置半年后有效氯仅降低 0.16%，但应注意其水溶液呈弱酸性且稳定性差，应现配现用。

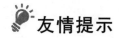 **友情提示**

> 含氯消毒剂最好现配现用。

---

* 1 亩 ≈ 666.67 平方米

第六讲 家禽养殖的误区

一、引种方面的误区

种苗是养殖的基础,选好种苗就标志着养殖成功了一半,但许多养殖户常常在种苗引进上出问题。

(一)饲养品种追求特殊

有些养殖户过度追求名、特、优、新、奇,忽视常用家禽和特种家禽的比例,忽略必要的市场调研和可行性论证,对养殖新品种从种苗供应、生产难度、销售技巧、市场需求、经济效益等环节都缺乏认真细致的考虑,最后血本无归。

(二)种苗选择上降质

一些养殖户由于资金有限,或者一味追求价格便宜,从而忽视生产性能等因素对效益的影响,在种苗选择或供应上出现降低质量的现象,结果不仅在产蛋率、产肉率等方面明显下降,且可能整群暴发疾病。

(三)养殖项目上盲目

一些养殖户随大流、赶时尚,对一些宣传效益好的项目过于盲从,不能保持清醒的头脑,一哄而上,结果时间不久,就因市场疲软等因素一哄而下,遭受巨大损失。

二、疫病预防方面的误区

（一）随心所欲安排预防接种

不根据疫病的流行特点、母源抗体水平、抗体消长等因素正确安排免疫，而是随心所欲安排疫苗接种，造成无效免疫。不根据疫苗的特点和要求进行免疫，而是想当然地使用点眼、滴鼻、刺种等不当方法，起不到免疫作用。

（二）缺乏综合防治意识

疫病防治是一项综合性工作，必须在防、检、消等环节上严格把关。但在实际过程中，有些养殖户认为只要使用疫苗就能控制传染病，过分依赖疫苗的作用，不断给家禽喂抗生素和注射疫苗，缺乏对综合防治的理解，不从饲养管理上寻找问题，致使疾病反复发生。

（三）对重大动物疫病的危害认识不足

有些养殖户对新城疫、高致病性禽流感等重大动物疫病缺乏正确认识，没有采取必要的有效措施，对病死禽不进行严格处理，甚至有些养殖户私下偷偷宰杀、出售病死禽，引起疫情扩散，造成巨大的经济损失，甚至危害人们的健康。

三、药物使用方面的误区

（一）误用和滥用药物

药物使用不合理，导致很多细菌产生耐药性，机体产生不良反应，甚至中毒。

一些养殖户在家禽疾病发生后,未经必要的诊断就依据以往经验使用药物,往往为表象所惑,不能对症治疗,不仅造成药物浪费,而且还可能贻误治疗时机。还有一些养殖户在用药时,对药物的理化性质不了解,胡乱配伍,结果导致用药效果不好,有时还会毒死家禽。

（二）不能正确掌握药物的用量和疗程

有些养殖户为了省钱,往往在病禽经一段时间治疗后出现明显好转或基本恢复时就停药,不继续巩固治疗,致使病禽疾病复发。还有些养殖户在治疗过程中用药剂量过小,难以控制病禽的病情。

有些养殖户任意加大剂量,迷信用药量与疗效的正比关系,往往加大家禽中毒概率。

有些养殖户在混药时为了省事,简单搅拌几下,结果使药物分布不均匀。

有些养殖户在给病禽用药后,不注意观察家禽在用药后的反应,也不进行记录、分析,导致药物疗效不确定。

四、饲养管理方面的误区

（一）饲料配比不合理

有些养殖户认为一个配方适用于所有的家禽,适用于家禽的全部生长期,想当然地饲喂家禽,造成家禽生产性能低下。

（二）滥用添加剂

有些养殖户将添加剂视为万能药,随意添加,造成家禽机体代谢紊乱,破坏饲料营养物质平衡。

（三）不能适时上市或淘汰

家禽养殖到了一定的时间,其生产性能就会逐渐下降,此时就要及时上市或更新淘汰,保证最佳饲料报酬。有些养殖户认为家禽养殖越久长得就越大,其实这样是赔钱的。

第二部分
如何养鸡

　　重庆市的养鸡业较发达,主要的饲养类型包括快大型肉鸡、蛋鸡、土鸡等。快大型肉鸡和蛋鸡主要集中在渝西片区较大的规模养殖场,而渝东北、渝东南以及重庆广大农村都以散养鸡为主。一般农户多为家庭散养土鸡,既要产蛋,又要肉用。他们对科学养殖不了解,导致鸡生产能力低下,有些鸡要养几年才能达到出栏体重,所以养鸡是一门学问,需要慢慢探索。

第一讲　养鸡前的准备

一、鸡的品种

养鸡前首先要选择合适的品种,目前主要有三种:肉鸡、蛋鸡和蛋肉兼用鸡。其他品种有药用鸡和观赏鸡等。

(一)肉鸡品种

重庆地区常见的快大型肉鸡主要是白羽肉鸡(图 2-1)和黄羽肉鸡。AA 白羽肉鸡(爱拔益加肉鸡),49 日龄体重可达 2.94千克;艾维茵白羽肉鸡,49 日龄体重可达 2.62 千克;安卡黄羽红肉鸡(图 2-2),49 日龄体重 1.93 千克。

图 2-1　白羽肉鸡　　　　图 2-2　安卡黄羽红肉鸡

(二)蛋鸡品种

1.白壳蛋鸡

(1)北京白鸡

北京白鸡是在引进国外鸡种的基础上选育成的优良蛋用型鸡。其主要生产性能指标:72 周饲养产蛋约 300 枚,平均蛋重

59.42 克,料蛋比为(2.23~2.32)∶1。

（2）海兰白鸡

海兰白鸡(图 2-3)是美国海兰国际公司培育的。其特点是体型小、性情温顺、耗料少、抗病力强、产蛋多、脱肛及啄羽的发病率低。其主要生产性能指标:高峰产蛋率为 93%~94%,入舍鸡80 周龄产蛋 330~339 枚,料蛋比 1.99∶1。

2.褐壳蛋鸡

（1）伊莎褐蛋鸡

伊莎褐蛋鸡(图 2-4)是法国伊莎褐公司培育出的四系配套杂交鸡,是目前国际上优秀的高产蛋鸡之一。其主要生产性能指标:76 周龄入舍母鸡产蛋 280~292 枚,高峰期产蛋率 92%,74 周龄产蛋率为 66.5%。

图 2-3　海兰白鸡　　　　图 2-4　伊莎褐蛋鸡

（2）罗曼褐壳蛋鸡

罗曼褐壳蛋鸡(图 2-5)是德国罗曼集团公司培育的高产蛋鸡品种,其特点是产蛋多、蛋既重又大、饲料转化率高。其主要生产性能指标:12 个月产蛋 295~305 枚,平均蛋重 63.5~65.6 克,料蛋比(2.0~

图2-5 罗曼褐壳蛋鸡

2.1）∶1。

3.粉壳蛋鸡

（1）海兰粉壳鸡

海兰粉壳鸡是美国海兰公司培育出的高产粉壳鸡。其主要生产性能指标：20～74周龄饲养产蛋约290枚，料蛋比2.3∶1。

（2）京白939粉壳蛋鸡

京白939粉壳蛋鸡是我国培育的粉壳蛋鸡高产配套系。其主要生产性能指标：72周龄入舍鸡产蛋270～280枚，成活率达93%。

（三）蛋肉兼用品种

我国的土鸡品种基本都是蛋肉兼用型，也是中小散养模式中养殖最多的品种类型。

1.青脚麻鸡

青脚麻鸡（图2-6）外形特征为青脚、麻羽。青脚麻鸡肉质细嫩，营养价值高，具有山区土鸡的特色，适应性强、生长快、成本低。年产蛋约200枚，60日龄平均体重1.5千克，料肉比为2.3∶1。

2.彭县黄鸡

彭县黄鸡肉质细嫩，产肉、产蛋性能均佳，是四川省优良鸡种之一，常饲养于重庆垫江、梁平、丰都、长寿等地。成年公鸡为2.43千克，母鸡为1.66千克，年产蛋140～150枚，平均蛋重为

53.52 克。

3. 米易鸡

米易鸡主产于四川米易县及其邻县,因其体大而著称,常饲养于重庆巫山、巫溪、城口、万州等地。生长速度较快,6 月龄公鸡平均体重正常型为 2.2 千克,母鸡平均体重正常型为 1.5 千克。年产蛋约 120 枚,平均蛋重为 55.1 克。

4. 旧院黑鸡

旧院黑鸡(图 2-7)主产于四川东部,常饲养于重庆城口、开州、巫山等地,体格大,前期生长较快,出肉率高,是耐粗、耐寒的地方优良鸡种。6 月龄公鸡体重达 2.2 千克,母鸡为 1.5 千克。旧院黑鸡产蛋盛产期为 4~7 个月。年产蛋 100 枚左右。

图 2-6　青脚麻鸡　　　　图 2-7　旧院黑鸡

二、鸡舍的准备

(一)鸡舍来源

鸡舍由新建或旧房改建均可,要求冬暖夏凉,适合鸡的生活习性,有利于防疫和生产管理。

（二）鸡舍要求

为保证养殖效益，鸡舍要求：一是能防潮，保持干燥，尤其是地面的防潮更要严格；二是能有效隔热，做到盛夏时节鸡群能顺利防暑降温；三是保温设施完备，尤其是重庆冬季的高山更是重中之重，通常要做到地面能保温、窗户能保温、墙壁能保温、屋顶能保温；四是不能过于简陋，要坚固耐用。

（三）鸡舍结构

目前鸡舍的结构大致分为密闭式、开放式两种。

密闭式鸡舍（图2-8）的成本高，适于大型鸡场使用，优点是受外界环境的影响较小，尤其是保温性能很好，可实现鸡舍内的温度、湿度、通风、光照的自动化控制。

开放式鸡舍适用于散养，优点是建造成本和运行成本低，采光性能好；缺点是受外界环境的干扰大，尤其是受恶劣天气影响极大。开放式鸡舍包括开放式简易鸡舍、开放式双列网养鸡舍、开放式平养鸡舍、开放式多层笼养鸡舍、地下坑道式鸡舍、塑料大棚鸡舍（图2-9）等。

图2-8　密闭式鸡舍

图2-9　塑料大棚鸡舍

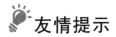**友情提示**

塑料大棚鸡舍应着重注意通风。

三、笼具的准备

养鸡最常用的工具就是鸡笼,笼具过去都是用竹篾制成的,现在也可以用铁丝、塑料等制作。

（一）蛋鸡笼

每个鸡笼一般采用"40 厘米×40 厘米×30 厘米"的规格,通常每笼可饲养 2~3 只母鸡,在笼前可安装自动喂料、饮水及集蛋装置（图 2-10）。

（二）肉鸡笼

肉鸡笼用于商品肉鸡育肥,每个鸡笼一般采用"30 厘米×35 厘米×30 厘米"的规格,通常每笼可饲养 2 只肉鸡,在笼前可安装自动喂料、饮水及集蛋装置（图 2-11）。

图 2-10　蛋鸡笼　　　　图 2-11　　肉鸡笼

（三）运输笼

图 2-12　塑料运输笼

运输笼又称为周转笼，是专门为鸡的运输制作的。最常用的运输笼有竹笼和塑料笼两种，长途运输时建议选用有盖的塑料运输笼（图 2-12）。

四、用具的准备

（一）育雏保温设备

育雏保温设备供培育幼雏时使用，目的是保证幼雏所需的温度条件。育雏保温设备包括保温伞、热风炉、简易炉、电热褥、取暖垫、电热板等。

（二）喂料设备

一般来说，喂料设备包括饲料槽、饲料盆、饲料桶（图 2-13）、饲料浅盘（雏鸡）等。规模较大的养殖场一般有自动料线，采用自动传送带进行饲喂，投资较大。

图 2-13　饲料桶

💡 友情提示

> 饲料桶应按照鸡群数量和鸡龄来设置。

（三）饮水设备

饮水设备包括水槽式饮水器、钟形饮水器、塑料真空饮水器、普拉森饮水器（图 2-14）、带杯乳头饮水器、水盆和封闭型饮水器等。

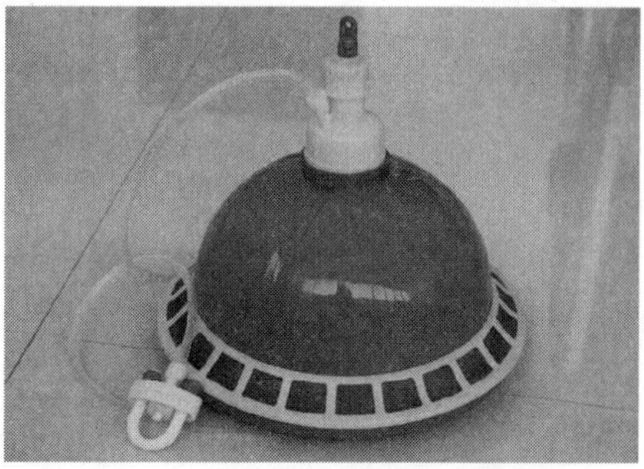

图 2-14　普拉森饮水器

（四）其他设备

养鸡用的其他设备包括清洁卫生和消毒器具、通风设备、供暖设备、产蛋箱、切喙器、称量器和照明器材等。

第二讲　雏鸡的饲养

雏鸡是指 0~50 天的鸡，一般育雏期为 1~6 周龄。雏鸡的培育是养鸡产业中最重要的环节。由于雏鸡抵抗力较弱，容易死亡，因此，雏鸡的培育是一项复杂的工作。

一、育雏前的准备

（一）选好品种

一般要根据养殖目的、环境、地域、市场等来确定饲养品种。

（二）育雏舍的准备

育雏舍要遵循利于防疫、防鼠害、保暖、干燥、光照度好、通风换气良好和消毒方便的原则。

图 2-15　育雏保温伞

由于育雏条件较苛刻,所以育雏设备要齐全,主要包括取暖(图 2-15)、供料、饮水、温度计、清洁设备等。一般来说,雏鸡在地面散养时,冬春季时应铺 5~7 厘米厚的垫草,夏季地面应铺沙土再加一层垫草。垫草应清洁、干燥、无霉变。采用网面平养时,一般用网眼为 1.2 厘米的塑料网。

（三）育雏舍的消毒

首先要进行清扫,全部设施及用具要刷洗干净,在进雏鸡前一周,对育雏舍和用具进行两次全面彻底的消毒。消毒药物可选用优氯净、戊二醛、高锰酸钾、来苏儿、福尔马林、烧碱或过氧乙酸等。常用的方法:先用戊二醛对育雏舍进行喷洒消毒,然后关严门窗,按每立方米空间用高锰酸钾 20 克、福尔马林 40 毫升混合后进行熏蒸消毒,密闭 24 小时,然后通风。

📌 **小贴士**

> 育雏舍第一遍消毒最好选用戊二醛和优氯净,刺激较小。

（四）饲料、疫苗和药物的准备

根据育雏数量的多少,应准备育雏前 10 天必需的雏鸡饲料、疫苗和保健药品,同时也要准备育雏的饲料添加剂、常用药品、垫料、食槽、饮水器等。

雏鸡需要的疫苗一般包括鸡新城疫、鸡马立克氏病、禽流感、鸡传染性法氏囊病、鸡痘、鸡传染性支气管炎等,常用的药品一般有青霉素、链霉素、恩诺沙星、复合多维、庆大霉素、新霉素、磺胺二甲嘧啶、利巴韦林、葡萄糖等。

(五)预温工作

接雏前 3 天,安装所有设施,在进雏前 1~2 天进行预温,并调试温度和湿度,检查供暖设备,确认其工作正常后方可进雏。

二、育雏条件

育雏条件包括温度、湿度、通气、光照、密度等。

(一)温度

育雏舍第 1~2 天温度保持在 35 摄氏度,后逐渐降温,第一周保持在 24 摄氏度,以后每周降 1 摄氏度,降至 18~21 摄氏度为止。温度如何调整,可观察雏鸡状态。温度适宜,雏鸡在舍内分布均匀,精神、食欲良好,饮水正常,活泼好动,夜晚安静;温度过低,雏鸡拥挤成堆,集于热源,并发出尖叫;温度过高,雏鸡远离热源呆立,张口喘气,饮水量增加。

📌 **小贴士**

> 调节温度时注意观察鸡群的表现。

(二)湿度

育雏舍一般适宜的相对湿度为 55%~65%,偏高或偏低都会

33

对鸡造成危害。湿度过大,容易导致雏鸡发生呼吸道疾病和球虫病,同时雏鸡易感冷;湿度过小,会降低雏鸡体热正常散发,雏鸡会觉闷热,容易发生脱水现象。

（三）通气

在高温、高密度饲养条件下,由于雏鸡呼吸、产生的粪便及潮湿垫料散发大量有害气体,如氨气、二氧化碳等,所以要及时通风,排出有害气体,换入新鲜空气。适宜的通气量是以人走进室内不感闷气和刺眼鼻为宜,可借助风机或采用人工掀开等方式。

（四）光照

阳光照射有杀菌消毒的作用,且可以促进合成维生素 D,促进钙、磷代谢,防止软骨症发生,在室内养育 1 周后的雏鸡要逐渐放到室外活动。为促进雏鸡生长发育,使其适当性成熟,对雏鸡采用渐减光照法:第 1 周每天 22 小时,第 2 周每天 20 小时,第 3 周每天 18 小时,第 4 周每天 16 小时,第 5~8 周每天 10~12 小时。

（五）密度

鸡舍内如果密度太小,不利于充分利用空间,浪费资源;密度如果太大,对鸡舍内卫生和通风、保温条件又提出了更高要求,稍有不慎就会造成雏鸡疫病甚至死亡。一般规律是随着雏鸡周龄增加,放养密度相应减小（表 2-1）;立体养殖的密度可比常规养殖增加 60%~100%。

表 2-1　雏鸡饲养密度

雏鸡周龄	平面饲养/(只·米$^{-2}$)	立体饲养/(只·米$^{-2}$)
1~2	30	60
3~4	25	40
5~6	20	30

三、育雏方式

育雏方式可分为平面育雏和立体笼式育雏。

平面育雏(图 2-16)就是把雏鸡放养在铺有垫料的地面上，也可在棚架上设置铁丝网或塑料网进行育雏。

图 2-16　平面育雏

立体笼式育雏(图 2-17)是一种立体式育雏方式,放养雏鸡的密度比较高,单位效益也高,可充分提高地面利用率和生产效率。立体笼一般有 3~6 层,常用的是 4 层,每层 3~4 个笼为一组,每笼的规格为"60 厘米×30 厘米×100 厘米",料槽安装在笼子的前侧,水槽安装在笼子的后侧,均有调节高度的装置。

图 2-17　立体笼式育雏

四、育雏季节

一般选择仲春至初夏、初秋等时机作为合适的育雏季节。而在集约化的养鸡场,通常采用封闭式鸡舍,受外界环境影响很小,完全可以通过人工措施加以控制,能做到一年四季均可育雏。

春雏是指春季 3—5 月孵出的雏鸡,只要管理得当,育雏成活率最高,是当前生产中主要的育雏季节。

夏雏是指夏季 6—8 月孵出的雏鸡,育雏成活率比春雏略低,是生产中重要的育雏补充时期。

秋雏是指秋季 9—11 月孵出的雏鸡,雏鸡的体质差,育雏成活率较低。

冬雏是指冬季 12 月至翌年 2 月孵出的雏鸡,育雏成活率最低,一般不提倡。

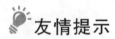 友情提示

高山气温较低的地区应重点做好保温工作。

五、雏鸡的挑选

主要是挑选出病雏鸡、死雏鸡,死鸡立即消毒后掩埋,病鸡不能治疗的立即淘汰。挑选的雏鸡一定是同一孵化舍的、同一批次的,不能存在差异。

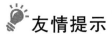友情提示

随意抛弃、收购、贩卖、屠宰、加工病死畜禽属于违法行为。

挑选健康雏鸡的标准主要有以下几点:

①看雏鸡活力。健壮的雏鸡活泼好动,眼睛大睁且有精神,左顾右盼,对周围环境的反应非常敏感。

②看雏鸡身体。健壮的雏鸡绒毛整齐清洁、富有光亮、柔软致密,脚趾和胫部光滑油亮,鸡腿结实有力,蹬踢有劲,肛门周围干净。

③听雏鸡声音。把雏鸡抓在手里,轻轻用力,健康的鸡强力挣扎,"啁啁"的叫声清脆悦耳。

④称雏鸡体重。健壮的雏鸡同批基本一致,个体均匀,没有大小相差很大的感觉,称量体重时合乎雏鸡的体重标准。

判别弱鸡的标准主要有以下几点:

①看雏鸡活力。弱雏鸡无力、嗜睡,眼睛没有神采,精神萎靡,甚至有的个体头部无力。

②看雏鸡身体。弱雏鸡身体绒羽蓬松,不清洁,脚趾和胫部发暗,鸡腿无力,有的弱雏鸡肛门周围有粪便粘连不断。

③听雏鸡声音。把雏鸡抓在手里,轻轻用力,弱雏鸡无力挣扎,只发出"叽叽"的没有力气的叫声。

④称雏鸡体重。弱雏鸡大小不一致,称体重时,相差很大。

六、雏鸡管理要点

（一）饮水

进雏后,让雏鸡在孵出后约 24 小时内先饮水后开食。在吃饲料前 3 小时内一定要饮水。雏鸡的饮用水最好用晾好的温水,水温接近舍温,第一次饮水 2~3 小时,在水中加 0.02%高锰酸钾溶液（使水变成淡红色）,或将大蒜捣烂放入水中,供雏鸡饮用 3~5 天。第二天饮水添加 5%~8%的葡萄糖,适当添加复合多维,或添加 0.01%维生素 C。此后,育雏舍的相对湿度应保持在 60%~70%,饮水温度以 15 ℃左右为宜,每周饮一次 0.04%高锰酸钾溶液。

♨小贴士

> 育雏舍饮水最好是在育雏舍内放置水桶,外界水源先在水桶放置后再给鸡群饮用。

（二）喂料

雏鸡在经过充分饮水后,可以进行开食。雏鸡一般在孵出后的 24~36 小时开食最适宜,最迟不超过 36 小时。

开食方式是把雏鸡料撒在纸上或平盘上,让其自由采食,每日换纸一次或洗盘一次。开食时间应在白天,最好在早上进行。开食饲料以小米或粉碎的黄玉米浸泡软化后饲喂为宜,料中加碎大蒜。开食两天后逐步加入饲料,一周后全部喂饲料。

开食第一天每只雏鸡喂食 2~3 克,以后每天增加 1 克,每次不可多喂。做到少量多次、勤添少喂,调动雏鸡食欲。在 0~4 周内每天喂 5~6 次,之后每天 4 次,间隔时间要均匀。

小贴士

> 对于不吃食的雏鸡,要进行驯食。 首先将雏鸡从休息的地方赶出来,放在饲料浅盘旁,轻轻敲扣盘边并发出"吱吱"唤鸡声,经 3~4 次训练后,雏鸡基本都能学会吃食。

雏鸡不宜喂过多蛋白质饲料,如果过早过多地提供蛋白质饲料,易造成雏鸡消化不良。建议 1~4 日龄的雏鸡,日粮中不添加豆饼、鱼粉等蛋白质饲料;5~10 日龄的雏鸡,日粮中蛋白质饲料只占 15%;11~20 日龄的雏鸡,日料中蛋白质饲料不超过 20%;21~30 日龄的雏鸡,日料中蛋白质饲料不超过 30%。雏鸡阶段最好多喂些磨碎的玉米,小米,切碎的青菜、胡萝卜等易消化的饲料。

(三)保温

夏季育雏舍的温度低一点,冬季则高一点;肉鸡、雏鸡的温度保持高一点,蛋鸡则低一点;健壮的雏鸡低一点,瘦弱的雏鸡则高一点;健康的雏鸡可低一点,生病的雏鸡则高一点;雏鸡刚放入时温度宜高,后期宜低;白天宜低,夜间宜高;晴天宜低,阴天宜高。

（四）断喙

图 2-18　断喙

断喙（图 2-18）是雏鸡饲养中的一项重要工作，主要目的是预防啄癖的发生，还可避免鸡挑食和挠料，从而减少饲料浪费，提高养殖效益。断喙第一次在 6~8 日龄进行；第二次为修喙，通常在 45 日龄左右或在转群前进行，不能超过 95 日龄后进行。

断喙方法：左手抓住雏鸡的腿部，右手抓住雏鸡的身体，将右手拇指放在鸡头顶上，食指放在咽下，稍施压力，使鸡缩舌。借助于断喙器灼热的刀片，切除鸡上下喙的一部分，并烧灼切口，防止流血。上喙断去喙尖至鼻孔之间的 1/2 部，下喙则断去 1/3 部。断后的喙应为上短下长。此外，断喙前后 2 天要在饮水中加入青链霉素和维生素 K，起消炎和止血作用。

（五）剪冠

剪冠是育雏阶段的另一项重要工作。鸡冠血管丰富，成年鸡喜欢互相打斗或发生啄癖症，在雏鸡阶段应将鸡冠进行适当剪除，可有效避免鸡长大后互相斗架，或发生啄癖时鸡冠受伤流血过多而死。还可减少单冠鸡在采食、饮水时与饲槽和饮水器上的栅格或笼门等网栅摩擦引起鸡冠损伤。对于一些成年鸡冠大的品种来说，剪冠还可以避免其因冠大而影响视线。

一般在成年后作为种用的公雏最好在 1 日龄时进行剪冠，也可在雏鸡出壳后在孵化厂直接剪冠。

操作时剪刀翘面向上,从前向后紧贴头顶皮肤,在冠基部齐头剪去即可。

小贴士

> 剪冠最好用眼科剪刀,也可用弯剪或指甲剪。

（六）剪肉垂

肉垂又称肉髯（图 2-19）,是指成年鸡从下颚长出下垂的皮肤衍生物,左右组成一对,大小相称,颜色鲜红。切除肉垂的目的是防止公鸡成年后在斗架时肉垂受损伤,同时方便采食饮水。

图 2-19　鸡冠、肉髯

鸡一般剪肉垂的时间为 12~14 周龄,其中肉鸡为 10 周龄。应选择凉爽的下午,用剪刀在肉垂下颌约 0.3 厘米处将两侧肉垂剪去。

小贴士

> 可在剪肉垂手术前后各 2 周,在饲粮中加维生素 K 以防止流血。

（七）断趾

成年种鸡配种时,公鸡常用其锐利的爪和距紧紧贴住母鸡的后背,结果造成母鸡背部划伤,严重者造成母鸡死亡。为防止这种现象出现,留种公雏应在 1 日龄或 6~9 日龄进行切趾、烙距。

断趾时用断趾器或烙铁,把种公雏左、右脚的最末趾关节处(趾甲后)断趾,并烧灼距部组织,使其不再生长。必要时也可用剪刀剪趾,然后在断趾处涂上碘酒。

第三讲 蛋鸡的饲养

一、蛋鸡的选择

从产蛋量、蛋重、蛋品质和饲料转化率以及蛋鸡的成活率等多方面考虑选择蛋鸡品种。蛋鸡的育雏方法如前述。蛋鸡饲养比其他类型更要求程序化,具体可参考表 2-2。

表 2-2 蛋鸡饲养管理日程

时间		工作内容
早晨	5:00	开灯查鸡舍温湿度,查鸡群情况,看有无病鸡、死鸡
	5:01—5:30	冲水槽、加料,如果喂青饲料、投药等须先拌料
	5:31—8:00	①刷水槽,每天 1 次;②擦食槽、拖蛋板,每周 2 次;③打扫墙壁、屋顶、屋架,擦门窗玻璃、灯泡,每周一次;④清理下水道;⑤铲除走廊上的鸡粪等

时间		工作内容
上午	8:01—8:30	早饭
	8:31—10:00	①观察鸡群,挑选治疗病鸡;②对于病鸡、好斗鸡、偷吃鸡蛋鸡,调整鸡笼;③捡破蛋,推平被鸡啄成堆的料
	10:01—10:40	加料并清扫
	10:41—12:00	蛋箱垫料过秤,捡蛋并分类、装箱、结算、登记
	12:01—12:30	清扫鸡舍、工作间、更衣室,洗刷用具
	12:31—13:00	午饭
下午	13:01—13:30	检查鸡群、鸡舍设备
	13:31—14:30	冲水槽,观察鸡群
	14:31—15:10	加料并清扫
	15:11—16:30	观察鸡群,挑选治疗病鸡,均料,调整鸡笼
	16:31—17:30	第二次捡蛋,过秤、分类、装箱、结算、登记
	17:31—18:00	晚饭
晚上	18:01—19:00	加料并清扫鸡舍
	19:01—22:00	紫外线照射,观察鸡群,均料,消毒

二、蛋鸡育成期管理要点

6~20 周龄为蛋鸡育成期,这一阶段生长和管理的优劣对蛋鸡在产蛋期的生产性能有重要作用。

（一）转群前的准备

蛋鸡从雏鸡阶段转入育成阶段要对育成鸡舍进行常规的清洗、消毒，检查供水系统是否正常，检查用具设备是否到位。

（二）饲养密度

蛋鸡育成期的密度比雏鸡低，在平养条件下，以每平方米养10只为宜；在笼养条件下，以每平方米养5只为宜。

（三）科学饲喂

从雏鸡料转为育成鸡料，要有一周的过渡阶段。每天投喂3~4次，每次喂料一定要均匀，保证每只鸡吃八成饱就可以，同时应照顾弱鸡，防止因鸡采食不匀而影响鸡群的整齐度。

（四）饲料控制

一般从出壳到55日龄采取自由采食，从第56日龄开始控饲，到100日龄结束。如果大多数鸡超过标准体重，还应持续控饲15天。到120日龄以后，蛋鸡就要为开产做准备，这时就不能控饲，须逐步提高饲料营养水平和饲喂量。

饲料控制的方式有以下几种：一是限制采食量，每次投喂饲料时可比正常投喂量减少8%~12%；二是降低饲料中营养物质的含量，适当增加纤维素，降低能量、蛋白质和氨基酸的含量，保证蛋鸡吃料后不至于脂肪积累过多过快；三是在采食的时间上进行限制，每次采食的时间可比正常少10分钟。

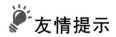友情提示

控饲是蛋鸡饲养的重要手段,切记不能让蛋鸡任意吃料。

(五)光照要求

蛋鸡的正常光照一般以每天 8~9 小时为宜。从 120 日龄后应逐渐增加光照时间,可每天增加 10 分钟,直到增加到正常光照需求。

(六)管理工作

育成期的管理工作主要集中在清洁方面,经常清理粪便和打扫地面,定期刷洗水槽,做好鸡舍的环境卫生。

三、产蛋期管理要点

产蛋期一般是指蛋鸡 150~510 日龄的这段时期。通常人们将蛋鸡的产蛋期分为四个阶段:预产期、产蛋高峰前期、产蛋高峰期、产蛋高峰后期。

(一)预产期

预产期是鸡产蛋的预先时期,指蛋鸡第 150~170 日龄的过渡时期。这时鸡由地面平养转入产蛋鸡舍立体笼养。此时将饲料逐步过渡到产蛋料,可按"七三、六四、五五"过渡,到开产时全部喂蛋鸡料。此阶段,日粮钙含量应由 1% 增加到 2%。

(二)产蛋高峰前期

产蛋高峰前期是产蛋高峰到来前的时期,通常是指达到

5%～50%产蛋率的时期,也就是指蛋鸡第170～190日龄的这段时期。这一时期蛋鸡的产蛋率上升很快,经过20天左右,群体便能迎接产蛋高峰期的到来。管理工作主要是饲料的科学提供,当产蛋率达到5%～10%时,提前饲喂产蛋高峰期的饲料,饲料配方中的蛋白质和氨基酸是非常重要的元素。

(三)产蛋高峰期

产蛋高峰期是指产蛋高峰到来并维持的时期,也就是蛋鸡第190～480日龄的这段时期。这一时期,最主要的任务就是保持营养供给的稳定性,饲料配方中必须有足够的能量和其他营养成分,应增加蛋白质、蛋氨酸、赖氨酸、钙、磷和维生素A、D、C、E等营养物质。

(四)产蛋高峰后期

产蛋高峰后期是指蛋鸡第480～510日龄的这段时期。这一时期的管理工作也不能忽视,饲料配方提供的蛋白质含量可以渐渐下降,减少养殖成本。

(五)做好四季管理

1.春季饲养管理

春季白天气温凉爽,空气流通性好,鸡体新陈代谢旺盛,是产蛋旺季,每天的饲料供应量应高于其他季节的10%～15%。春季管理还应做好保温防寒工作,避免鸡群整体感冒。

2.夏季饲养管理

重庆夏季温度高、空气燥热,要重点做好防暑降温工作,鸡舍要通风良好,但要防止贼风进入鸡舍内。另外,饲料要新鲜,防止变质,可多饲喂一些青饲料。鸡舍内的供水不能间断,同时定期在饮水中添加一些维生素 B$_6$、维生素 C 等营养成分,必要时可以在饲料中添加藿香、金银花等防暑中草药。

3.秋季饲养管理

秋季是老鸡换羽、新鸡产蛋的季节,所以应及时供给充分的营养,饲料中应增加蛋白质、维生素、矿物质的含量。同时还要人工补充光照,确保产蛋鸡光照时间每天达到 16 小时。

4.冬季饲养管理

蛋鸡在冬季的管理相对比较简单,主要是注意保温保暖。

(六)光照控制

蛋鸡在产蛋阶段每天光照应保证 16 小时。从育成期到产蛋期的光照每天不足 16 小时,要及时增加光照,但增加光照需要采取循序渐进的方法,即以每周逐渐增加 30 分钟为宜,直至达到每天 16 小时再恒定下来。

光照控制除了对时间的控制外,还要对光照强度进行科学控制,通常以 10 平方米面积配 40 瓦灯为宜,灯高 1.8~2.0 米,照明度要均匀。

开灯和关灯时也应注意,不可突然开亮或灭掉所有的灯,这样鸡群容易受惊,影响产蛋率。

(七)集蛋工作

在正常情况下,蛋鸡在天亮后 1 小时至日落前的 2 小时产蛋;产蛋高峰期集中于天亮后的 3~6 小时,因此要适时集蛋。

集蛋时,要将脏蛋挑出,将破蛋单独放置,将蛋大头向上。集好的蛋不要乱放,一般放在专用的贮蛋室内,保持室内温度在18.3 ℃、相对湿度为75%~80%。

📌 小贴士

集蛋时有污渍的蛋不要清洗,用干布擦拭,种蛋集蛋后还应消毒。

（八）强制换羽

蛋鸡换羽后产蛋比较整齐,蛋的质量也好。通常采用停止供应饮水、饲料的方法,与此同时,光照时间也从正常的每天16小时减少到6小时,可保证绝大部分蛋鸡及时换羽。

（九）钙质补充

蛋鸡的产蛋高峰期日粮中含钙量保持在3.2%~3.5%为宜。

一般采用贝壳粉（图2-20）和石粉作钙源,日粮中贝壳粉和石粉的配比以2∶1较为宜。此外,还要补喂沙砾,每周每100只鸡补喂0.5~1千克沙砾,可单独喂给或拌料喂给。

图2-20　贝壳粉

第四讲 肉鸡的饲养

一、肉鸡品种的选择

快大型肉鸡是肉鸡养殖中最常选用的品种，它具有生长速度快、饲养周期短、饲料报酬高、体型较大、产肉性能好的优点。中速型肉鸡的肉味比较浓郁。土鸡生长慢、肉质细嫩、肉味鲜美。

快大型肉鸡一般出栏时间为 33～49 日龄，出栏体重可达 1.3～3.3 千克；中速型肉鸡出栏时间为 80～100 日龄，出栏体重为 1.5～3.8 千克；土鸡出栏时间为 135～180 日龄，出栏体重为 1.5～2.2 千克。

二、肉鸡的饲养方式

肉鸡饲养主要分为舍饲和放养两种。

（一）舍饲

鸡舍可分为封闭式、半开放式和开放式，具体内容与前文相近。肉鸡的饲养方式可以分为地面平养、网上平养和笼式饲养。

1. 地面平养

地面平养是在鸡舍地面上铺垫一定厚度的垫料，将肉鸡饲养在垫料上，任其自由活动。需定期更换新鲜垫料，也可以不更换垫料,每周添加两次新垫料,待饲养鸡出售后才一次清除干净。

2. 网上平养

网上平养是将肉鸡饲养在用竹片、板条、铁网特制的网床上,网床由床架、栅板和围网构成。一般栅板离地面 50~60 厘米。

3. 笼式饲养

将肉鸡从育雏一直到出栏都放在笼内饲养。笼养鸡饲养密度高,鸡舍利用率高,便于饲养管理和机械化、自动化操作,节省能源、垫料和人力。

(二)放养

放养又称为散养、漫养,就是在竹园、茶园、草地、果树、树木、山场等地方,不用圈养而让肉鸡自行觅食、自由采食的一种养殖方式。这是一种传统饲养和种养结合的好方法,目前农村多数采用这种饲养方式,尤其是山区、半山区发展放养鸡较多。

将仔鸡先在舍内经过 3 周以上喂养,确保体重达到 0.35 千克左右,具备一定适应能力和山地放养的条件后,就可以进行散放,让鸡自由活动、自行采食。

💡 友情提示

> 放养肉鸡长势较慢,且易发生寄生虫病,可以定期添加精饲料补充,同时驱虫。

三、肉鸡育雏期管理要点

（一）选雏、运雏

肉鸡的雏鸡最好到信誉较好的种鸡场购买。看眼大有神，绒毛整洁鲜艳，脐口愈合良好、干燥，五官端正无缺陷，肛门清洁无污物；摸腹部大小适中、柔软有弹性，活泼、饱满，挣扎有力；听叫声响亮、清脆的鸡苗。运雏的车辆要保温、防风，同时防止雏鸡缺氧死亡。现在主要使用雏鸡专用周转箱。

（二）管理

实行全进全出制，与前文的育雏内容基本一致，主要是做好温度与湿度的调控工作，及时开饮与开食，放养密度合理，提供合适的光照，做好通风换气等。

四、肉鸡育成期管理要点

肉鸡育成期的饲养管理工作重点是提高鸡群的整齐度，促进饲料的营养向鸡的肉质转化，以提高经济效益。

（一）脱温

肉鸡经过脱温以后离开育雏舍，自第 35 日龄起进入育成舍养殖。此时期最适宜的温度一般保持在 15~25 摄氏度，冬季不低于 12 摄氏度，夏季不高于 26 摄氏度；相对湿度一般维持在 60%~65%。

（二）铺设垫料

垫料可用刨花或稻草，最好切成 5~6 厘米长。一般先在地面按每平方米撒 1 千克生石灰,再铺上 5~6 厘米厚的垫料。

（三）光照

肉鸡在育成期对光照变化比较敏感,光照时间及强度均影响其生殖器官的发育,因此要采取遮窗等措施。一般鸡生长中期阶段的光照每天以 8~10 小时为宜,而后期可逐步延长光照达每天 14 小时。

（四）分群

肉鸡要根据个体大小进行分群,每群不宜超过 500 只,其密度一般控制在每平方米 8~10 只为宜,同时淘汰伤残鸡。

（五）限饲养殖

对鸡每天的投喂量进行限制或对饲料中蛋白质的含量进行适当降低。限饲期间,应充分供给饮水。

五、肉鸡育肥期管理要点

肉鸡育肥期除与育雏期和育成期的饲养管理基本相同外,还要求提供充足洁净的水源,保证有适宜的饲养环境,采用高能量、高蛋白质日粮,光照时间短一些,光照强度弱一些,尽可能减少鸡的活动量和能量消耗,保证能量最大限度地转化成肉。

（一）饲养方式

肉鸡经过了育雏期和育成期的饲养,个体相对更大一点,适应能力也更强一点,因此饲养方式也可以采取多种形式,最主要的是根据当地资源、饲料来源、人员保障等具体情况而灵活掌握。目前主要采用舍内半棚半地混合饲养、离地舍内笼养或放养。

（二）饲料配比

在肉鸡养殖中，饲料占养鸡总成本的 70% 左右，因而对饲料的供应要十分重视，对营养的需求要给予充分的满足并适时给予配方调整。要注意的是在肉鸡商品化养殖阶段中，不能投喂过多的糠麸饲料，因为饲料中粗纤维越多，能量含量就越少。

📌 小贴士

> 一般来说，可以按照玉米 60.2%、麦麸 3%、豆粕 30%、磷酸氢钙 1.3%、石粉 1.2%、食盐 0.3%、油 3%、添加剂 1% 的配方进行配比。

（三）采食

首先在育肥期不限饲，同时要加大肉鸡的采食量，以满足生长的营养需要。增大采食量的方法有很多，目前最常用的有三种：一是适当增加给食次数，在正常投喂的基础上，可采用定时定量分餐喂法，每天可多投喂 1~2 次，一般白天喂 3~4 次料，夜间加喂 1~2 次；二是把日粮加工成鸡喜食的颗粒料，一方面有助鸡的摄食，另一方面可减少破碎料的损失；三是准备好足够的食槽位置，保证每只鸡都能吃到饲料。

（四）管理

一是实行公母分开饲养的方法，可提高鸡群的生长速度和均匀度，减少残次鸡，提高肉鸡出栏的合格率；二是采用红色光照，以利于增重；三是适当分栏，通常 100~800 只为一栏。

对于放牧式养殖来说，一是做到早晚投喂一次，尤其是晚上的投喂量要充足,在投喂时尽量做到定点投料;二是加强疫病的观察与治疗;三是加强对天害的防控,在放牧式的养殖中,蛇、黄鼠狼、老鼠等许多动物都可能吞食肉鸡,因此要加强控制。

（五）加喂沙砾

按 10% 的比例把沙砾直接加入料内,可以每周定量加喂1 次。

第五讲　土鸡养殖

当地的鸡种,常称土鸡、笨鸡,俗称谷子鸡,顾名思义就是用农家谷子喂出来的,而不是用饲料和添加剂喂出来的。

一、选好良种

选养皮薄骨细、肌肉丰满、肉质细嫩、抗逆性强、体型为中小型的著名地方土鸡品种,这些土鸡品种是非常受欢迎的。

二、场地选择

土鸡养殖为了提高品质,一段时间可以在鸡舍内养殖,也有一段时间需要在山地、果园、茶园等地养殖,除了正常的选址原则以外,还需要有充足的饮水、用电、围栏等条件。

山地养殖（图 2-21）,坡度不宜过大,以丘陵山地为宜。一般天然次生林好于原始林,阔叶林好于针叶林,天然林好于人工林,针阔混交林最好。

果园养殖(图 2-22),果树树龄以 3~5 年生为佳,地面为沙壤土或壤土,透气性和透水性良好,园地荫蔽度在 70% 以上。

图 2-21　山地养鸡　　　　图 2-22　果园养鸡

🖈 小贴士

目前还有很多种养结合的模式,常见的是山地和果园两种,可以根据当地特色,结合当地产业特点进行养殖。

三、鸡舍的建造

土鸡养殖时的鸡舍分为两种:用砖木制造的房屋结构式的鸡舍和用塑料大棚建的鸡舍。

(一)鸡舍结构

鸡舍可用旧房改造,也可新建鸡舍。若是旧房改造,应前后开采光窗和地窗。采光窗距地 150 厘米,地窗距地 20 厘米。窗口大小以房内光线而定,一般以鸡白天能找到吃料和饮水的位置即可。

若是新建鸡舍,周围可用竹编网,春、冬季节外加白色农膜,并留好气窗和地窗,棚舍中间高、两边低,四周挖好排水沟。鸡舍内横装小圆木数排作栖架,小圆木直径 8 厘米左右,第一排距地 35 厘米,第二排距地 40 厘米,依此按梯状安装,排距均为 30 厘米 左右。安装要牢固,应使鸡飞上栖架不摇晃、不倒塌。一个双层 式共约 250 平方米面积的养鸡大棚,可一批饲养土鸡 3000~3500 只(图 2-23)。

图 2-23 土鸡鸡舍

💡**友情提示**

土鸡鸡舍一般来说因地制宜,如果是种养结合的模式,最好定期移动 鸡舍,以免鸡舍周围土地过度板结化。

(二)防寒保温

无论采用哪种鸡舍,一定要做好防寒保温措施,堵严缝洞,地 面铺上垫草,以提高舍温。

四、管理要点

(一)饲喂

土鸡出雏后,雏鸡先喂红糖水,以增进食欲,促进胎粪排出。

饮水后开食,采取少喂多餐的方法,保证雏鸡始终处在食欲旺盛状态,以促进雏鸡生长发育。

📌**小贴士**

> 在饮水中加入抗生素和维生素,连饮3天,增强土鸡体质,提高抗病率。

30~50日龄的放养土鸡,按生长期进行饲养管理,每日5~6餐。根据该阶段放养土鸡的广采食、耐粗饲、生长快的特点,可多喂各种农副产品,如豆腐渣、糠麦、稻谷、玉米、豆饼、菜籽饼、豆粉等粗精饲料,适当增喂微量元素。

放牧期要多喂青饲料、土杂粮、农副产品等。早晚在地上适当撒些颗粒料,让鸡自由啄食。

（二）放牧

在育雏舍内育雏30~40天转入鸡舍或大棚饲养。鸡群一般在45~60日龄放养,放牧场地宜选择地势干燥、避风向阳、环境安静、饮水方便、无污染、无兽害的果园、茶园、竹木林地或玉米地等。这样鸡既可以吃园内的虫和草,又可以给作物补充有机肥。

山地放养规模以每群1500~2000只为宜,放养密度以每亩山地200只左右为宜,果园以每亩放养100~250只为宜。

💡**友情提示**

> 应注意果园放养周期一般2个月左右,鸡粪喂养果园小草、蚯蚓、昆虫等,给其一个生息期,等下批仔鸡到来时又有较多的草、蚯蚓等供鸡采食。

（三）光照

采用 1 小时光照、3 小时黑暗的 4 小时周期间隙光照法，使鸡的活动与休息适量，促进土鸡的生长和提高饲料利用率。光照不足的情况下要人工补充光照。

（四）调教

先将小部分鸡捉上栖架，捉鸡时不开灯，用手电筒照住已捉上栖架的鸡，并排好。有些鸡开始不习惯，或跳下来，或把其他的鸡从栖架上挤下来，需反复 2~3 次捉上栖架，待全部捉上后避光，经 1~3 个晚上开始习惯，再由这部分鸡带领其余鸡飞上栖架。

第三部分
如何养鸭

　　鸭肉和鸭蛋产品是我国居民十分重要的优质蛋白质来源,风味独特,富含有益于人体健康的不饱和脂肪酸。以全聚德为代表的"北京烤鸭"驰名中外,重庆地区也有板鸭、樟茶鸭等特色食品。重庆养鸭业以农村庭院大棚分散饲养为主,基础设施和设备较简陋,虽然生产简单,但仍要注重科学养殖,尽可能多地提高养殖效益。

第一讲　养鸭前的准备

一、鸭的品种

鸭的品种按经济用途分为三种:肉鸭、蛋鸭和蛋肉兼用。品种的形成和发展由社会条件所决定,也受自然条件的影响。我国养鸭业主要以本土品种居多。

(一)肉鸭品种

图3-1　北京鸭

1. 北京鸭

北京鸭原产于我国北京郊区,遍及全国各地,是世界著名的肉用鸭品种,北京烤鸭就是以北京鸭为原料制成的脍炙人口的食品。公鸭150日龄3.6~3.75千克;母鸭开产体重3.0~3.3千克,开产日龄为150~170天,年产蛋220~250枚,蛋重90~100克,蛋壳为乳白色(图3-1)。

2. 樱桃谷鸭

樱桃谷鸭是由英国樱桃谷鸭公司育成的快大型肉用鸭品种,生长速度快,饲料转化率高,抗病力强。该鸭体型外貌酷似北京鸭。47日龄体重可达3千克,料重比3∶1。该鸭净肉率较其他鸭高26%以上,且瘦肉率高。母鸭3.5~4千克,年产蛋210~220枚。

（二）蛋鸭品种

1. 金定鸭

图3-2 金定鸭

金定鸭（图3-2）具有产蛋多、蛋大、蛋壳青色、觅食力强、饲料转化率高和耐热抗寒特点，成年公鸭体重1.76千克，母鸭1.78千克。母鸭110～120日龄开产，年产蛋约280枚，在舍饲条件下年可产蛋约300枚，蛋重72克。

2. 高邮鸭

高邮鸭又称高邮麻鸭，原产江苏省高邮，是我国有名的大型肉蛋兼用型麻鸭品种。成年公鸭体重3～4千克，母鸭2.5～3千克。母鸭180～210日龄开产，年产蛋约169枚，蛋重70～80克，蛋壳呈白色或绿色。

（三）蛋肉兼用品种

1. 四川麻鸭

图3-3 四川麻鸭

四川麻鸭（图3-3）广泛分布在川渝各地，具有早熟、放牧能力强等特点。在放牧条件下，90日龄体重可达1.5千克，成年鸭体重可达1.8千克，年产蛋约150枚，500日龄平均年产蛋131枚，平均蛋重72～

75克。蛋壳以白色居多,少数为青色。

2. 建昌鸭

建昌鸭素有"大肝鸭"的美称,产于四川省的西昌、德昌、冕宁、米易和会理等地。500日龄平均产蛋约144枚,蛋重为72.9克。成年公鸭重2.41千克,母鸭重2.1千克。

二、鸭舍的准备

（一）简易鸭舍

图3-4 行棚

简易鸭舍分为行棚和草舍两种。

1. 行棚

行棚是最简陋的一种鸭舍,没有固定场址,随放牧的群鸭而移动。行棚主要包括行棚架、篾帘、塑料布。行棚架用木条或竹竿制成,中间高2米,下方底宽2米,弯成弓形,使用时将棚架插入地中,连接起来像一只有篷的小船;篾帘或塑料布盖于棚架上,用于遮风挡雨,数量根据行棚面积而定(图3-4)。

2. 草舍

草舍是较固定的一种简易鸭舍。首先按建场的要求选好地址,然后根据鸭的饲养量设计鸭舍。一般长度为8~10米,宽度为7~8米(两间并成一个单元)。一个单元可养鸭500只左右。

（二）固定鸭舍

鸭舍宽度通常为 8～10 米，长度视需要而定，一般不超过 100 米，内部多采用矮墙或低网（栅）。固定鸭舍一般分为育雏舍、育成鸭舍、种鸭舍或产蛋鸭舍、肉用仔鸭舍或填鸭舍四类。

1. 育雏舍

育雏舍要求温暖、干燥、保温性能良好，空气流通而无贼风，电力供应稳定。檐高 2～2.5 米，内设天花板，以增加保温性能。窗与地面面积之比一般为 1：10，窗离地面 60～70 厘米，设置气窗，便于空气调节。所有窗子与下水道通外的口子要装上铁丝网。

育雏舍的地面用水泥或砖铺成，便于消毒，并向一边略倾斜，以便排水。室内放置饮水器的地方要有排水沟，并盖上网板，雏鸭饮水时溅出的水可漏到排水沟中排出，确保室内干燥。为便于保温和管理，育雏舍应隔成几个小间（图 3-5）。

2. 育成鸭舍

育成鸭舍也称青年鸭舍。育成阶段鸭的生活力较强，对温度的要求不如雏鸭严格。因此，育成鸭舍的建筑结构简单，基本要求是能遮挡风雨，夏季通风，冬季保暖，室内干燥（图 3-6）。

3. 种鸭舍或产蛋鸭舍

种鸭舍有单列式和双式两种。双列式鸭舍中间设走道，两边都有陆上运动场和水上运动场。单列式鸭舍走道应设在北侧。种鸭舍要求防寒、隔热性能好，有天花板或隔热装置更好。屋檐高 2.6～2.8 米，窗与地面面积比要求 1：8 以上，离地 60～70 厘米以上的大部分做成窗。舍内地面用水泥或砖铺成,并有适当坡度,饮水器置于较低处,并在其下面设置排水沟。较高处设置产蛋箱或在地面上铺垫较厚的塑料以供产蛋之用。

图 3-5　育雏舍

图 3-6　育成鸭舍

4. 肉用仔鸭舍或填鸭舍

肉用仔鸭舍或填鸭舍的要求与育雏鸭舍基本相同,但窗户可以小些,通风量应大些,要便于消毒。

5. 陆上运动场

陆上运动场是鸭休息和运动的场所,面积为鸭舍的 1.5 ~ 2 倍。运动场地面用砖、水泥等材料铺成,运动场面积的 1/2 应搭有凉棚或栽种葡萄等植物形成遮阴棚。陆上运动场与水上运动场的连接部用砖头或水泥制成一个小坡度的斜坡,水泥地面要防滑。

小贴士

斜坡应延伸至水上运动场的水下 10 厘米。

6.水上运动场

水上运动场供鸭洗浴和配种用。水上运动场可利用天然沟塘、河流、湖泊,也可用人工浴池。如利用天然河流作为水上运动场,靠陆上运动场这一边,要用水泥或石头砌成。人工浴池一般宽2.5~3米,深0.5~0.8米,用水泥制成,排水口要有一个沉淀井,可将泥沙、粪便等沉淀下来,避免堵塞排水道。

鸭舍、陆上运动场和水上运动场需用围栏围成一体,根据鸭舍的分间和鸭的分群需要进行分隔。水上运动场的水围应保持高出水面50~100厘米,育种鸭舍的水围应深入到底部,以免混群(图3-7)。

图3-7　鸭运动场及水池

三、养鸭设备

养鸭与养鸡一样,都需要通风设备、温度控制、光照设施、清洗消毒设备等。此外,大量养殖还需要鸭笼,鸭笼与鸡笼大致相近。

第二讲 雏鸭的饲养

一、雏鸭适宜条件

（一）温湿度

雏鸭自身调节温度和御寒的能力差，育雏期间需要的温度稍高，需要人工保温。随着雏龄的增加，室温可逐渐下降，3周龄以内雏鸭的标准温度见表3-1。

表 3-1 雏鸭适宜温度表

日龄	室温/摄氏度
1	28~26
2~7	26~22
8~14	22~18
15~21	18~16

相对湿度控制在60%~70%。要注意雏鸭特别怕烈日暴晒，经烈日暴晒后，很容易引起中暑而造成大批死亡，所以放养的雏鸭在中午太阳光强烈时需要赶回鸭舍休息。

（二）光照

白天可以让雏鸭享受自然光照，晚上以人工光照补足。1周龄雏鸭光照时间24小时，也可以采取23小时光照加1小时的黑暗，光照强度可以10平方米50瓦灯泡，灯泡离地面高2米。

2~3周龄雏鸭光照时间逐步减少，每天递减1小时，达到每天光照10小时左右。4周龄起直至过渡到利用自然光照，同时光照强度也逐渐降到 10 平方米 10 瓦灯泡。

(三) 空气

室内空气清新是保证雏鸭健康生长的重要条件,因雏鸭体温高、呼吸快,如果育雏舍内空气不流通,二氧化碳就会很快增加,使室内缺氧。鸭每千克体重 1 小时呼出的二氧化碳量为 1.5～2.3 升。

友情提示

> 育雏舍要定期通风,保持室内空气新鲜,但要防止贼风直接吹在鸭身上。

二、雏鸭饲料

雏鸭开食后的第一天和第二天喂水泡米;第三天起,掺入少量的动物性饲料,如鱼粉、泥鳅肉等;第七天起,全部喂饲料并加入青饲料,用量为精饲料的 20%～30%。

饲料的配制,谷类饲料主要用玉米、大麦和大米,占总饲料量的 50%～60%;植物性蛋白质饲料主要用豆饼、花生饼和菜籽饼等,占总饲料量的 10%～20%(菜籽饼用量不宜超过 5%);糠麸类饲料主要是米糠和麦麸,占总饲料量的 10% 左右;此外,矿物质饲料、食盐约占总饲料量的 0.5%,骨粉约占总饲料量的 3%。

三、雏鸭饲喂方式

刚孵出的鸭,第一次饮水称"开水",第一次喂食称"开食",

先"开水"后"开食"。"开水"通常在鸭篓内进行，每篓放 50 只鸭，把鸭篓连同雏鸭慢慢放入水中，使水漫过胸，让雏鸭在浅水中站立活动 5~10 分钟（天热时站的时间稍长，天冷稍短）。雏鸭受冷水刺激，十分活跃，一边饮水，一边嬉戏，生理上处于兴奋状态，可以促进新陈代谢，促使胎粪排泄。

"开食"常在"开水"后 15 分钟左右进行，春鸭出壳后 24 小时左右，夏鸭出壳后 18~20 小时，秋鸭出壳后 24~30 小时为宜。10 日龄以内的雏鸭，白天喂食 4 次，夜间喂食 1~2 次；11~20 日龄的雏鸭，白天减少 1 次喂食；20 日龄以后，白天喂食 3 次，夜间喂食 1 次。如放牧饲养，视觅食情况而定，中午可不喂，晚上可少喂，放牧前适当饲喂精饲料。雏鸭给食前 3 天要适当控制，只吃七八成饱；3 天后，自由采食，适当增加粗饲料。

四、雏鸭管理要点

（一）温度

雏鸭均匀散开卧伏休息或自由采食，说明温度合适；鸭群紧挤在一起，不断地往鸭群里钻并发出"吱吱"的尖叫声，说明温度低，应采取措施。

（二）清洁卫生

保持鸭舍内干净，垫草勤换，换下的垫草经过晒干后方能再用，给雏鸭营造一个舒适的生活环境。

（三）饲养密度

饲养密度随着雏鸭的日龄不同而有所减少，地面育雏密度见

表 3-2。

（四）分群

根据场地面积和饲养数量，及时将雏鸭分群饲养，一般以 200 只左右一群为宜。

在分群时应注意雏鸭的个体大小、强弱，对弱雏应给予优先照料。分群分两次，第一次在雏鸭开饮前，根据出雏迟早、强弱分开饲养；第二次在雏鸭开食 3 天后，可逐只检查，将吃食少的及弱小的雏鸭放在一起饲养，适当增加饲喂次数，升高环境温度。

表 3-2　雏鸭饲养密度

周龄	饲养密度/（只·米$^{-2}$）	
	公鸭	母鸭
1	40	
2	30	
3	20	
4	15	20
5	10	15
6	4	8

（五）调教

雏鸭下水俗称放水，应尽早开始训练，以提高其环境适应能力。夏秋高温季节，放水时间可提前；冬春低温天气，放水时间可延后一周左右；冷天、雨天不宜放水。

放水一般在雏鸭喂料后 15 分钟进行，在喂食前不宜放水。夏秋季节通常用竹篓关雏鸭，再将竹篓在水中浸 2~3 分钟后提起，在这个过程中，让鸭脚完全浸入水中，并让雏鸭任意饮水，也可在雏鸭身上洒些温水，让雏鸭互相嬉戏并啄食伙伴身上的水。

冬春季节放水是将雏鸭放入舍内浅水盆里，开始时水深 2 厘米左右，后面逐步增加水深。随后将水盆由室内转移到室外，开始时每次 20~30 分钟,以后慢慢延长至 1 小时,连续几天后雏鸭会习惯下水。

下水雏鸭上岸后,要让其在阳光下或无风而温暖的地方理毛,使身上的湿毛尽快干燥后,再赶进育雏舍休息。

（六）程序管理

鸭具有集体生活的习性,合群性很强,神经较敏感。饮水、吃料、下水、入舍歇息等都应有固定的一套管理程序,要定时定点开展,以便形成良好的条件反射。

🖈 小贴士

> 鸭群管理也应像鸡群管理一样,可在饮水、吃料、下水时用声音来吸引,形成条件反射。

第三讲　蛋鸭的饲养

蛋鸭的整个饲养周期分为产蛋初期、产蛋中期和产蛋后期。

一、产蛋前的准备

（一）饲料

进入产蛋期以后,蛋鸭对营养物质的需要量比以前各个阶段都高,除用于维持生命活动所必需的营养物质外,大量产蛋更需要各种营养物质(表3-3)。

表 3-3　蛋鸭不同阶段日粮配方

种类 阶段	玉米 /%	豆饼 /%	麸皮 /%	进口鱼 粉/%	骨粉 /%	石粉 /%	食盐 /%
产蛋初期	52	25.5	4	10	1	7	0.5
产蛋中期	52	22.5	7	10	1	7	0.5
产蛋后期	55	22.5	7	7	1	7	0.5

（二）供水

如果饲养场所有池塘，一定要保证池塘水质良好、洁净、安全、卫生，而且水量要充足；如果没有池塘，要有充足的供水槽或供水桶，水量能满足鸭一天的需求，每天晚上鸭子入舍后，将剩余的水全部倒出，第二天换上新水。

（三）产蛋箱

在蛋鸭开采前准备好产蛋箱，产蛋箱可以训练鸭子养成良好的产蛋行为，同时有利于集蛋。

产蛋箱的规格是深、高、宽均为 40 厘米，每 3~4 只母鸭可占用 1 个产蛋箱（图 3-8）。

图 3-8　产蛋箱

二、产蛋初期管理要点

产蛋初期是指蛋鸭从开产到产蛋率达 50% 以前的阶段，一般在 120~150 日龄产蛋。

（一）分群

蛋鸭临近产蛋前 3 天，可将蛋鸭重新分群。一是经过挑选，将不符合产蛋的母鸭和部分公鸭作为肉用鸭处理，立即上市；二是把留种用的母鸭单独分在一起，并按比例加入公鸭，组成专门的种鸭群，目的是多产蛋和提高种蛋的受精率及孵化率，使下一代能更好地繁殖，种苗更健壮；三是把不留作种用的蛋鸭进行分群，蛋鸭一般 200～300 只为一群，每群按 5% 的比例搭配公鸭。

（二）投喂

根据蛋鸭产蛋量的增加，提高饲料质量，增加日粮的营养浓度。饲料中应加入充足的碳水化合物、蛋白质、矿物质，适当增加投喂次数，在白天喂三次的基础上，夜间再增喂一次。

（三）光照

光照从蛋鸭 120 日龄起逐渐加长，每天增长幅度不能太大，一般以增长 15～20 分钟为宜，直至蛋鸭 150 日龄时达到 16～17 小时为止。白天可以利用自然光照，晚上则需要人工光照补足，光照强度为 10 平方米鸭舍 50 瓦灯泡，灯泡离地 2 米高。

（四）观察

一是观察蛋鸭产蛋率的上升情况。在产蛋早期，随着时间的推进，产蛋率一天比一天上升，直到 30 天后上升到 50%，说明早期的管理是到位的。二是注意观察蛋重。蛋鸭刚开采时，蛋的个头比较小，重量也相应较轻，随着产蛋率的上升，蛋重也相应增加。三是观察蛋鸭体重及蛋的质量是否正常。如果出现异常，可从饲料、环境、管理和疾病等方面查找原因。

三、产蛋中期管理要点

产蛋中期指蛋鸭的产蛋率从 50% 上升至产蛋高峰并维持一段时间,然后产蛋率逐渐下降,从而结束产蛋高峰期前的这一阶段。

（一）安静

保持产蛋环境的绝对安静、清洁,避免外来干扰骚乱惊群。

（二）温度

保持蛋鸭产蛋的最适宜温度。舍温维持在 5~30 ℃,低于 5 ℃时立即升温,高于 30 ℃设法降温。鸭舍开窗通风或安装排风扇,鸭舍顶棚加隔热层,运动场和临时凉棚要架设防晒网,适当降低饲养密度,有利于防暑降温。同时,提倡早放鸭、迟关鸭,增加中午休息时间和下水次数,以刺激蛋鸭卵泡的发育。

（三）投喂

蛋鸭开产日粮中的粗蛋白水平应在 19%~20%,产蛋高峰期粗蛋白应达 22%。在饲料中增加钙的含量,同时补充一定量的多种维生素,适量喂给青饲料,还要补充玉米、豆饼和蚕蛹等精饲料。

（四）观察

蛋鸭的中产阶段应观察其产蛋时间,正常的产蛋时间是夜间 2 点左右。观察蛋壳质量,正常的蛋壳光滑、厚实、均匀,有光泽。

观察鸭群精神状态,如蛋鸭精神不振,行动无力,不愿下水,下水后羽毛沾湿,说明营养不良,应补加营养,最好补充一些动物性鲜活饲料。

 **小贴士**

> 观察时应做好记录。

三、产蛋后期管理要点

产蛋后期指蛋鸭的产蛋率从70%下降至产蛋结束这一阶段。

（一）投喂

如果产蛋率达到70%，而蛋鸭体重偏轻，应适当增加动物性蛋白质的含量和喂料量；如果鸭群体重增加且有过肥趋势，应立即更改饲料配方，降低日粮的能量比例，或控制采食量、减精饲料增青饲料，增加青绿和糠麸类饲料，同时加强运动和洗浴；如果发现产下的蛋蛋壳变薄，蛋重减轻，可在饲料中补喂鱼肝油。

（二）淘汰

按鸭的最佳产蛋日龄，从出壳到120日龄左右开产，第一个产蛋年产蛋率最高，第二个产蛋年一般比第一年下降5%~10%，第三个产蛋年下降更多。因此，一旦发现群体产蛋率在50%以下且有进一步下降趋势时，可及时将其淘汰上市。

小贴士

> 一般用摸蛋的方法来确定是否低产，用手指顶触蛋鸭的泄殖腔产道口，触摸是否有蛋。将没有摸到蛋的鸭隔离饲养，到第二天、第三天再摸，如果连摸3~4次都无蛋，可以将其淘汰。

（三）防寒除湿

鸭舍和运动场要勤打扫，为了防潮除湿，不要往鸭舍洒水，最好采用糠、灰垫圈。

（四）强制换羽

强制换羽常用的方法主要有三种：一是强烈的人为惊扰，如在鸭舍内疯狂惊扰刺激驱赶鸭群；二是打乱蛋鸭的生物钟，如突然减少光照，白天适当遮挡窗子，晚上不开灯；三是控制饲料的正常供给，如第一天喂 2 次，第二天喂 1 次，第三天开始断料 2~3 天，然后又开食、再断料，重复操作。蛋鸭被断料时应保证饮水的供应，即断料不断水。

蛋鸭强制换羽后的 10 天左右，可配合进行人工拔羽，先拔主翼羽，再拔副翼羽、尾羽。蛋鸭翅羽和尾羽脱落后 2~4 天逐渐减少精饲料，第 5 天停水、停料 1 天，第 7~8 天后鸭翅膀及尾部长出新毛，胸背部羽毛脱落，可逐步恢复放养，20 天左右羽毛长齐，拔毛后 55 天开始逐渐产蛋，进入第二个产蛋高峰期。这种方式可以延长蛋鸭 6~8 个月的有效利用期。

第四讲　肉鸭的饲养

肉鸭的体形较大、肥硕，行走笨拙、迟钝，觅食能力强，不适宜长时间放养，一般用舍养。

一、育肥特点

(一)体重增加快

从肉鸭的体重和羽毛生长规律看,一般 25 日龄后体重快速增加,45 日龄左右达到最高峰。

(二)适应性强

育肥期的肉鸭随着日龄的增长,体温调节能力增强,同时消化能力也增强。

(三)性器官发育快

在育肥期的肉鸭,由于营养丰富,性器官发育很快,这时应严格控制鸭过快性成熟,促进产肉性能。

二、育肥方法

(一)圈养育肥

随着日龄增加,肉鸭的体重增长迅速,食欲和饮水量增大,需要及时增设料盆和水盆,确保每只鸭子有足够的采食和饮水位置,一昼夜饲喂 4 次,定时定量。母鸭在 55 日龄、公鸭在 65 日龄时开始控制喂饲,只给自由采食量的 90%~95%,这种方法具有生长快、出肉率高、育肥期短的优点。

(二)放牧育肥

这主要是结合夏收和秋收,在水稻或小麦收割后,将肉鸭赶至田中,觅食遗落的籽粒、各种草籽以及小昆虫。麻鸭多采用这种方法。

（三）舍饲育肥

舍饲育肥和圈养育肥基本一致，不同的是圈养的区域相对较大，一般有水塘供应，而舍饲则相对较小，要靠人工每天提供并更换饮水，但饲料供应和投喂方式是一样的。

（四）填喂育肥

填喂育肥是指用人工方法填喂鸭子，强迫鸭子吃下大量高能量的饲料，促进肉鸭在短时间内快速积累脂肪和增加体重。

📌 小贴士

> 填喂肉鸭前先将混合料加水拌匀，使之软硬适度，用手搓成重 25 克两端钝圆的"填条"。填喂时，填喂人员用腿夹住鸭体两翅以下部分，左手抓住鸭头，大拇指和食指将鸭嘴上下喙撑开，中指压住舌的前端，右手拿"填条"，用水蘸一下送入鸭子的食道并用手由上向下滑挤，使"填条"进入食道的膨大部。

三、营养搭配

在饲养中要注意，肉鸭消化道容积大，能采食含粗纤维较高的大体积饲料，如米糠、麦麸、酒糟、草粉、玉米皮。鸭味觉不敏感，棉粕、菜粕、芝麻粕、葵花粕等均可加入饲料。

（一）雏鸭

营养需要：粗蛋白 20%、粗纤维 3.9%、钙 1.1%、磷 0.5%。

参考配方：玉米 50%、菜饼 20%、碎米 10%、麸皮 10%、鱼粉7.5%、肉粉 1%、贝壳粉 1%、食盐 0.5%。

（二）育成鸭

营养需要：粗蛋白 17.5%、粗纤维 4.1%、钙磷 0.5%。

参考配方：玉米 50%、麸皮 12%、碎米 10%、食盐 0.5%、菜饼5%、大（小）麦 17%、鱼粉 4.5%、贝壳粉 1%。

（三）育肥期

参考配方一：前期用玉米 35%、面粉 26.5%、米糠 30%、豆类（炒）5%、贝壳粉 2%、骨粉 1%、食盐 0.5%；后期用玉米 35%、面粉 30%、米糠 25%、高粱 6.5%、贝壳粉 2%、骨粉 1%、食盐 0.5%。

参考配方二：玉米 35%、面粉 26.5%、米糠 25%、高粱 10%、贝壳粉 2%、骨粉 1%、食盐 0.5%。

四、管理要点

（一）饲料供应

肉鸭生产很重要的一个特点就是用富含蛋白质和能量较高的饲料饲喂专门的肉用型鸭种，使其快速生长育肥，体重达 2~4千克。由此可见，只有高质量的饲料和合理地使用饲料才能高效养殖肉鸭。

（二）饲养密度

肉鸭在育肥期的饲养密度要适当降低，一般为每平方米 8~10 只。如果育雏结束，直接将雏鸭入舍饲养，每平方米为 6~8 只。

（三）光照与通风

可以充分利用自然光照，为方便管理鸭子夜间饮水，防止鼠害等，舍内可通宵微弱照明，一般光照度为 10 平方米 5 瓦灯泡即可。新鲜空气是保持鸭群健康的关键，应随时注意鸭舍内的空气质量，利用自然风或者采用机械进行定时通风，但要注意温度的变化。

（四）锻炼

利用喂料、饮水、加铺垫草和赶鸭转圈运动等机会，多接触鸭子，提高鸭子的胆量，防止鸭子惊群。

（五）卫生清洁

肉鸭在育肥饲养中后期排粪量大，极易污染鸭舍，须特别注意鸭舍的清洁卫生。天气炎热时，应每日用水冲洗鸭舍 2 次以上；天气寒冷时，每天换垫草、稻壳等 3 次以上，不要让鸭睡在粪上。否则，鸭子胸腹部的羽毛会沤烂，或成为粪鸭。

第四部分
如何养鹅

　　鹅作为一种常见的家禽，其生活习性比较特殊，具有喜水性、警觉性、耐寒性、生活规律性等特点。鹅不仅可以作为经济动物养殖，还有看家护院的本领，所以在重庆地区养殖较多。同时，重庆荣昌卤鹅越来越受消费者青睐，再加上鹅肝等高档食品慢慢走上国内消费者餐桌，养鹅业的前景越来越广阔。但是目前养鹅业除了部分为大型场以外，多数都是农户散养，与鸡、鸭养殖情况类似，所以需要科学养殖以增加养殖效益。

第一讲　养鹅前的准备

一、鹅的品种

一般来说,鹅不分蛋用或肉用,多数鹅都为兼用型,只有少部分鹅因养殖目的不同,分为专门取绒的鹅、专门取鹅肝的鹅等。

(一)狮头鹅

狮头鹅是我国唯一的大型品种(图 4-1),原产于广东省饶平县,分布于全国各地。其头部前额肉瘤发达,尤以公鹅和 2 岁以上母鹅更为显著,状如狮头,故名"狮头鹅"。70 日龄仔鹅公、母分别可达 6.4 千克和 5.8 千克。母鹅 160~180 天开产,年产蛋 35~40 枚,平均蛋重 217 克。狮头鹅是生产肥肝的优良品种,经填肥 28~34 天,平均肝重为 960.2 克,最大的可达 1335 克。

(二)四川白鹅

四川白鹅为中国鹅的中型品变种(图 4-2),产于四川省温江、乐山、宜宾、达县和重庆市永川等地,重庆养殖较多。成年公鹅平均体重 4.4~5 千克,母鹅 4.3~4.9 千克。肉用仔鹅多在 90 日龄上市。母鹅 200~240 日龄开产,年产蛋 60~80 枚,平均蛋重 149.9 克。

(三)荣昌白鹅

荣昌白鹅产于重庆市荣昌区,广泛分布于平坝和丘陵水稻产区,属中国白色鹅种的优良鹅,具有生长快、肉质好、耐粗饲等特

点。90 日龄可达到 3.5 千克,年产蛋 60~70 枚,平均蛋重 136 克
(图 4-3)。

图 4-1　狮头鹅　　　　图 4-2　四川白鹅

(四)朗德鹅

朗德鹅又称西南灰鹅,是世界著名的肥肝专用品种。该鹅年
产蛋 30~40 枚,蛋重 160~200 克。成年公鹅 7~8 千克,成年母鹅
6~7 千克。8 周龄仔鹅体重 4.5 千克左右,肉用仔鹅经填肥后重
达 10~11 千克。肥肝均重 700~800 克(图 4-4)。

图 4-3　荣昌白鹅　　　　图 4-4　朗德鹅

二、适宜养鹅的牧草

养鹅必须要有充足的草源，一般是种草养鹅。一般来说，养鹅的牧草以籽粒苋、苦荬菜、菊苣为主，搭配种植谷稗草、苏丹草、黑麦草等其他牧草。

（一）牧草类型

适宜养鹅的牧草主要有豆科类的牧草，如白三叶、紫花苜蓿、百脉根、大绿豆、紫云英、救荒野豌豆等；禾本科类的牧草，如多花黑麦草、俄罗斯饲料菜、鲁梅克斯、百喜草、鸭茅、宽叶雀稗、谷稗草、王草、御谷草、墨西哥类玉米、柱花草等；菊科类和苋科类的牧草，如菊苣、苦荬菜、籽粒苋等。

（二）牧草搭配

以籽粒苋（图 4-5）为主，搭配种植苦荬菜（图 4-6）、谷稗草（图 4-7）。这三种牧草生产性能好，营养价值高，是目前养鹅最佳搭配组合。按照种 10 亩籽粒苋、8 亩苦荬菜、7 亩谷稗草的比例搭配种植，饲喂时鲜重比为 2∶1∶1，可为 2500～3000 只鹅提供青饲料。

图 4-5　籽粒苋

图 4-6　苦荬菜

图 4-7　谷稗草

三、青贮饲料的制备

青贮饲料（图 4-8）是将青饲料切碎、装袋、压实、封口后,在无氧的条件下发酵而成的,可长期保存原汁及养分不变的饲料。青贮玉米秸秆饲料中,粗蛋白可增加 3. 4% ~ 16. 4%,粗纤维减少

图 4-8　青贮饲料

7. 5%,有机物消化率提高 4. 8% ~ 15. 4%。

（一）青贮原料的选择

常见原料有块根类的白萝卜、胡萝卜、山芋等;禾本科牧草有谷稗草、御谷草、竹叶草、狗尾草、黑麦草、墨西哥玉米等;农作物有青玉米秸秆、红薯藤、花生藤、甘蔗尾等;豆科牧草有红三叶、白三叶、苜蓿等。

要求原料清洁干净、无泥沙、无杂质、无腐败、无发霉变质、无农药污染,新鲜优质。原料需切成 1~2 厘米长,或磨成丝,使原料短、碎、柔软,有利于压实和发酵。以玉米秸秆为例,秸秆应为绿色或黄绿色,叶片不带泥土、不变质、不霉烂,以带穗整株玉米在乳熟期或蜡熟期为最佳,当玉米植株已经出现 2~4 个黄叶,含水分量约 70% 时青贮最好。

（二）青贮技术

将原料置于青贮塔窖内,要求塔窖严密,踏紧踩实,不透气,不漏水,使青贮原料达到厌氧的目的。袋装青贮量以每袋 100~

150 千克为宜。袋装青贮便于管理。

📌 **小贴士**

青贮容器内的温度应控制在 40 ℃以下，超过则不利于乳酸菌的正常繁殖。

（三）青贮饲料管理要点

成鹅每天用量 1~1.5 千克,不宜单独饲喂,应拌糠、麸皮及精饲料饲喂。同时注意在饲喂时,若一次没有用完,应尽快密封袋口,防止变质。

青贮 3~7 天后,及时检查原料是否脱水、软化、体积收缩及塔顶窖口有无裂缝等情况,再次封闭有利于乳酸菌发酵,防止进水霉烂变质。青贮一般经 30~40 天发酵完成,可取料喂鹅,但取料后要立即封口,防止污染变质。

💡 **友情提示**

青贮饲料最好从青贮池中一次性取出一周的用量,以免频繁取料引起饲料变质。

四、鹅舍

（一）育雏舍

散养育雏舍的设计与鸭育雏舍基本相同,不同的是围栏要略高于鸭育雏舍,围栏高度要达 80~100 厘米,同时舍内地面应比舍外高 20 厘米左右,以利于地面干燥。育雏舍墙表面、地面应光滑平整,并耐酸或碱性消毒液,墙面不易脱落、耐磨损,不含有害物质。育雏舍应具备良好的防鼠、防虫和防鸟设施,并有良好的卫生条件。

（二）育肥舍

以放牧为主的育肥鹅可不必专设育肥舍,可利用普通旧房舍或用竹木搭成遮风雨的简易鹅舍（图 4-9）。鹅舍前高后低,为敞棚单坡式,前檐高约 1.8 米,后檐高 0.3~0.4 米,宽 4~5 米,长度根据鹅群大小而定,以每平方米栖息 7~8 只中鹅为宜。前檐下应有 0.5~0.6 米高的砖墙,每隔 4~5 米留一个宽为 1.2 米的缺口,便于鹅群进出。

育肥鹅舍可设单列式或双列式棚架,鹅舍长轴为东西走向,舍内呈单列或双列式用竹子围成的栅栏,栏高 0.6 米,竹间距为 5~6 厘米,以利于鹅伸出头来采食饮水。围栏内应隔成小栏,每栏 10~15 米。单列式棚架应在竹栏南北两侧分设水槽和食槽,水槽高 15 厘米,宽 20 厘米,食槽高 25 厘米,上宽 30 厘米,下宽 25 厘米（图 4-10）。

图 4-9　简易鹅舍

图 4-10　育肥鹅舍

双列式棚架则在两列间留出通道,食槽和水槽在通道两边。此类棚舍可用竹棚架高,离地 70 厘米,棚底竹片间有 3 厘米宽的孔隙,便于漏粪。也可不用棚架,鹅群直接养在地面上,但需每天打扫,经常更换垫草,并保持舍内干燥。

第二讲　雏鹅的饲养

雏鹅一般是指从出壳到 28 日龄之间的小鹅。雏鹅饲养是养鹅的基础,也是养鹅的关键。初期应实行舍饲,逐步向放牧过渡。

一、雏鹅饲喂

雏鹅入舍后,应及时开食,并让其饮水。一般是将切碎的青菜或专用育雏料撒在雏鹅附近的塑料布上,任其自由采食,有时需要人工诱食调教。第一天尽量让雏鹅学会采食,后面定时定量给料,一天投料 6~8 次,这样可以培养雏鹅一次大量进食的能力,促进消化道的快速生长,锻炼粗饲能力,以适应放牧饲养。

传统的雏鹅饲养,是以青饲料为主,适当补充精饲料、矿物质和维生素等。所用的精饲料一般包括稻米、稻谷、麦粒、甘薯、花生饼和大豆饼等,占雏鹅饲料总量的 20%~30%。补充精饲料的种类和数量要根据日龄及放牧情况而定。

刚出壳的雏鹅,消化能力弱,应喂给易消化的籽粒料,随日龄增加,逐渐过渡为碎米、米糠或生甘薯粒、湿谷、干谷等。

📌 小贴士

> 雏鹅开食的同时就应供给饮水，在天气寒冷季节，要注意雏鹅饮水的温度不宜太低，一般应在 18 ℃以上。

二、育雏

（一）温湿度控制

若温度过低，雏鹅会聚集在一起，相互取暖，打堆，不吃食；若温度过高，雏鹅则远离热源，喘气，饮水量增加；当温度正常时，雏鹅均匀散开，吃食正常，安静休息（表 4-1）。

表 4-1　鹅的育雏温度

日龄	温度/摄氏度
1~5	27~28
6~10	25~26
11~15	22~24
16~20	20~22

育雏温度要平稳，不能忽高忽低；育雏舍内各处温度要均匀随日龄增加，要及时脱温，一般雏鹅龄 2~3 周要完全脱温。

湿度对雏鹅的健康和生长发育影响较大。低温高湿很容易引起雏鹅因受凉而感冒或下痢；高温低湿致舍内干燥，容易发生呼吸道疾病和雏鹅脱水。相对湿度保持在 65%~75% 为宜。

（二）地面平养育雏

在育雏舍的地面铺上清洁的垫料后，将雏鹅放在上面进行培育，这种方法适用于规模饲养。

（三）网上育雏

在育雏舍里建网架,将雏鹅放在网架上进行培育,这是高密度培育方法,可控性强,育成率高。

三、雏鹅管理要点

（一）温湿度

保温期的长短,因鹅的品种、健康状况、鹅群大小、饲养季节和所处的地理位置不同而略有差异,掌握温度原则,小群略高,大群略低;弱雏略高,强雏略低;夜间略高,白天略低;冬天略高,夏秋略低;阴凉天气略高,晴暖天气略低。

（二）密度与分群

雏鹅饲养密度要适宜,太低不利于提高养殖效益;太高容易"扎堆",直接影响雏鹅的生长发育与健康,甚至造成相互挤压而死亡。不同阶段合理的饲养密度见表4-2。

表 4-2　雏鹅饲养密度

周龄	饲养密度/(只·米$^{-2}$)
1	15~20
2	10~15
3	8~10
4~6	5

（三）光照时间与强度

雏鹅1~7日龄要求24小时光照,光照强度为10平方米50瓦灯泡,灯泡高度离地面2米;8~15日龄17~18小时光照,光照强度为10平方米30瓦灯泡;16~25日龄14~16小时光照,光照强度为10平方米20瓦灯泡;25日龄后利用自然光照。

（四）开饮开食

雏鹅出壳 24 小时后，在育雏舍内适当休息，当绒毛已干并能站立、伸颈张嘴时，便可饮第一次水。饮水器内水深 3 厘米为宜，饮用水要清洁，最好是凉开水，水温 25 ℃左右。饮用水可添加 0.05%高锰酸钾水或 5%～10%葡萄糖，防止消化道疾病。

开食一般是在开饮后半小时，可用半生半熟的米饭（用冷开水洗去黏性）加切细的嫩青饲料。青饲料要求新鲜、幼嫩多汁，以莴苣叶、苦荬菜为佳，莴苣叶、苦荬菜切成 1～2 毫米的细丝，撒在塑料布上或小料槽内，引诱雏鹅自由采食。饲喂以八成饱为宜。

（五）舍饲

饲料配比与雏鹅大小和日龄密切相关，雏鹅 10 日龄前精饲料与青饲料比例为 1∶（2～4），先喂精饲料后喂青饲料；雏鹅 10 日龄后精青比为 1∶（4～6），青饲料、精饲料可混合喂。精饲料可用仔鸡料，自配料应添加矿物质补充磷钙。雏鹅 1～2 日龄每天喂 6～8次，3～10 日龄每天喂 8 次，11～20 日龄每天喂 6 次，其中夜间每天喂 2 次；20 日龄以后每天喂 4 次，其中夜间每天喂 1 次。

（六）放牧

春雏在 1 周龄后可以放牧，冬季为 2 周龄左右。在放牧前选好放牧场地，要离鹅舍近、道路平坦、水质干净无污染、草鲜嫩、噪声小。放牧时间不超过 1 小时。随着雏鹅日龄增大，逐渐延长放牧时间，上午在草上露水干后放牧，下午收鹅时间早些。雏鹅 3 周龄后，天气晴暖，可整天放牧。为满足营养需要，应适当补精饲料。放牧时注意雏鹅的安全,防止鼠、蛇的侵害。

（七）放水

春雏在 5 日龄后可以放水,冬季 10 日龄左右,在气温适宜时,可在清洁的浅水塘内第一次放水。第一次放水时间不超过 10 分钟,时间应在下午 3—4 时进行。先让雏鹅在水池边草地上自由活动半小时,再让其下水活动,然后赶上岸让其梳理绒毛,待羽毛干后及时将雏鹅赶入鹅舍。随着春雏日龄的增大,逐渐延长放水时间。

第三讲　中鹅的饲养

中鹅阶段是鹅骨骼、肌肉、羽毛快速生长的阶段,需要的营养物质多,消化能力强,吃食量大。

中鹅的饲养方式通常有三种:放牧饲养、放牧与舍饲相结合、关棚饲养。

一、饲养方法

"养鹅不怕精料少,关键在于放得巧",充分说明放牧在养鹅中的意义,而仅凭放牧也不行,必须将放牧和舍饲有机结合。

📌 小贴士

一般来说,中鹅的饲料配方为秸秆生物饲料 70%、骨粉 1%、豆饼 5%、鱼粉 3.1%、玉米粉 15%、麸皮 3.5%、食盐 0.4%、贝壳粉 2%。

为了保证鹅能采集到大量适口的青饲料,放牧时应选择在水草丰富的草滩、河滩、湖畔、丘陵,收割后的麦田、稻田等地,草质要求比雏鹅的低些。对于牧场的选择,鹅农有句口头禅:"春放草塘,夏放麦场,秋放稻田,冬放湖塘。"

另外,牧地要开阔,最好附近有水源,放牧时间越长越好,早出晚归或早放晚宿,以适应鹅多吃快排的特点。

鹅群的大小一般以250~300只为宜,在放牧前对鹅群进行检查,发现病弱鹅及时隔离,进行专门的照顾和治疗。放牧时鹅呈狭长方阵队形,出牧和回棚时赶鹅速度宜慢,特别是吃饱以后的鹅(图4-11)。

图4-11　放牧

二、管理要点

(一)及时补饲

中鹅的饲料投喂遵循"放牧为主、以粗代精、青粗为主、适当补饲"的原则,在放牧的基础上,及时补饲富含蛋白质和碳水化合物的饲料。在舍饲时,通常在日粮中加入30%~40%的优质牧青草和全价饲料拌在一起投喂,由中鹅自由采食、自由饮水。中鹅在放牧时,可在早上投喂精饲料,然后进行放牧,到晚上归圈时再投喂精饲料。

(二)鹅群管理

为管理方便,一般以 250~300 只鹅为一群,如果牧地比较开阔、草源丰盛、水源良好,可以 1000 只鹅为一群。一般在下午就应找好次日的放牧场地,不走回头路,每天放牧 9 小时。在赶鹅的时候速度要缓慢,最好选择平坦道路。

(三)注意安全

中鹅常以野营为主,要用竹、木搭建临时性鹅棚,能避风遮雨即可。鹅棚一般建在水边高燥处,采用活动形式,便于经常搬迁。如天气炎热,中午应让鹅在树荫下休息,防止其中暑。50 日龄以下的中鹅羽毛尚未长全,要避免雨淋。另外,在放牧时也要注意安全,避开恶劣天气;放牧区绝对不能有污染,被农药污染的牧地和水源,1 周内不能放牧。

(四)注意驱虫

由于水草上常有剑水蚤等寄生虫,应定期对鹅进行驱虫,将硫双二氯酚、阿维菌素等驱虫药,按每千克体重 200 毫克,拌在饲料中晚上喂给中鹅。

第四讲　育肥鹅的饲养

按照饲料管理方式来分,仔鹅的育肥方法有两大类:放牧育肥和舍饲育肥。

一、放牧育肥

与中鹅放牧育肥基本相同。

二、舍饲育肥

育肥鹅的日粮应以富含碳水化合物的谷实类为主,加一些蛋白质饲料;通常将混合精饲料调制成湿料饲喂,可以先喂青饲料,后喂混合精饲料,也可以两者混合喂。参考配方:玉米60%、豆饼15%、草粉20%、预混料1%、骨粉2%、食盐0.3%、碳酸氢钙0.7%、鱼粉1%。

此外,要限制鹅的活动,控制光照并保持安静。在饲养过程中,要特别注意鹅粪的变化,当鹅粪为黑色、条状变细、质地结实时,表明鹅肠开始积累脂肪,这时就要减少青饲料量,青饲料量由开始的50%左右降为20%左右,并改为先喂精饲料后喂青饲料。

有些地区采用填饲法育肥肉仔鹅,育肥的鹅要达到全身皮下脂肪增厚,尾部丰满,胸部肌肉饱满。人们根据鹅两翼下、体躯两侧皮肤及皮下组织的脂肪沉积情况来判断育肥程度。育肥好的鹅可摸到皮下脂肪增厚,有板栗大小并有弹性的脂肪团,如果脂肪团比较疏松则为中等膘情,皮肤滑动摸不到脂肪团的为膘情较差。根据上述标准在育肥时进行检查判断,达到标准即可出栏,一般育肥时间为10~15天。

第五部分
如何防病

家禽养殖密度较大,养殖环境复杂,感染和自发疾病的风险较高,有些疾病感染后死亡率高,给养禽业造成了不小损失。同时,有些疾病还是人畜共患病,比如高致病性禽流感,也会极大地威胁公共卫生安全。所以,防病不仅是家禽养殖的有效保障,同时也是在维护公共卫生安全。

第一讲　家禽疾病处置

养殖户在养殖过程中不可避免会遇到家禽疾病,不同的处置方式对疾病的发生和发展有着重要影响。如果家禽遇到传染病,处置不当可能使它们全部死亡,也可能对人造成伤害。

一、普通疾病

如家禽有病症应先对家禽进行隔离,然后观察其临床症状。如果不了解疾病,可以请有资质的兽医出诊诊断,不是传染病的可以进行保守治疗。如果是传染病,但不是一类动物疫病,按照兽医的诊断进行治疗,必要时可以上报当地畜牧兽医站。

二、重大动物疫病

鸡新城疫的防控　扫码观看

如果初步观察像新城疫、禽流感等重大动物疫病,应及时上报当地畜牧兽医站,严格封锁、隔离病禽。然后按照当地畜牧兽医主管部门的要求配合处置疫情。

📌 **小贴士**

家禽一类动物疫病有高致病性禽流感、新城疫。

第二讲　家禽保健

家禽保健需要制订保健程序,要根据养殖情况来确定,一般的保健包括预防性用药、预防免疫、补充营养等。在保健的同时也要观察家禽的状态,必要时进行体表检查。

鸡体表检查　扫码观看

一、常见药物

（一）抗病毒药物

抗病毒药物有利巴韦林、黄芪多糖、金刚烷胺、环丙沙星、黄芪多糖、金刚烷胺（免疫缺陷类疾病、病毒类病）。

（二）呼吸道类药物

呼吸道类药物有利巴韦林、左旋氧氟沙星、克林霉素、平喘素、氟比洛芬、泰妙菌素、黄芪多糖、平喘素、阿奇霉素、盐酸多西环素、氨茶碱。

（三）肠炎类药物

肠炎类药物有氟苯尼考、利福平、硫酸新霉素、强力霉素、头孢噻呋钠、利福平、痢菌净。

（四）驱虫类药物

驱虫类药物有磺胺间甲氧嘧啶钠、TMP、地克珠利。

（五）营养支持类药物

营养支持类药物有电解多维、葡萄糖。

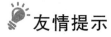友情提示

药物的使用一定要按照说明书的用法和用量，同时要注意配伍禁忌，还应注意休药期。

二、免疫程序

蛋鸡免疫参考程序见表 5-1，肉鸡和土鸡免疫参考程序见表 5-2，肉鸭免疫参考程序见表 5-3，蛋鸭免疫参考程序见表 5-4，鹅免疫参考程序见表 5-5。

表 5-1　蛋鸡免疫参考程序

日龄	疫苗	方法
1	传染性支气管炎疫苗	点眼滴鼻
	马立克氏病疫苗	皮下注射
4	鸡球虫疫苗	拌料
8~12	新城疫弱毒苗	点眼滴鼻
14	传染性法氏囊病弱毒苗	饮水
	禽流感 H5、H9 灭活苗	皮下注射
21	新城疫弱毒苗	点眼滴鼻
25	传染性法氏囊病弱毒苗	饮水

日龄	疫苗	方法
28	传染性喉气管炎、鸡痘基因工程二联弱毒苗	刺种
	鸡支原体、传染性鼻炎二联灭活苗	肌肉注射
35	新城疫弱毒苗	点眼滴鼻
42	禽流感 H5、H9 二价灭活苗	皮下注射
49	传染性法氏囊病弱毒苗	饮水
56	新城疫弱毒苗	点眼滴鼻
12 周	禽流感 H5、H9 灭活苗	皮下注射
14 周	脑脊髓炎弱毒苗	饮水
16 周	病毒性关节炎灭活苗	肌肉注射
17 周	新城疫弱毒苗	饮水
	传染性支气管炎	饮水
18 周	新城疫、减蛋综合征、传染性支气管炎三联灭活苗	肌肉注射
19 周	传染性喉气管炎、鸡痘基因工程二联弱毒苗	刺种
20 周	鸡支原体、传染性鼻炎二联灭活苗	肌肉注射
21 周	禽流感 H5、H9 二价灭活苗	皮下注射
23 周	新城疫、传染性法氏囊病、禽流感三联灭活苗	肌肉注射

表 5-2 肉鸡、土鸡免疫参考程序

日龄	疫苗	方法
1	马立克氏病疫苗	皮下注射
2	新城疫、传染性支气管炎二联弱毒苗	皮下注射
7	传染性法氏囊病弱毒苗	饮水免疫
15~20	禽流感、新城疫二联弱毒苗	皮下注射
25	传染性法氏囊病弱毒苗	饮水免疫
30	鸡痘苗	刺种
50	新城疫、传染性支气管炎二联弱毒苗	皮下注射

表 5-3 肉鸭免疫参考程序

日龄	疫苗	方法
1~2	鸭瘟、鸭病毒性肝炎二联弱毒苗	饮水
6	鸭传染性浆膜炎灭活苗	肌肉注射
10	鸭瘟、鸭病毒性肝炎二联弱毒苗	饮水
15	禽流感 H5、H9 二联灭活苗	皮下注射
25	禽霍乱油乳灭活苗	皮下注射
50	禽流感 H5、H9 二联灭活苗	皮下注射
	鸭传染性浆膜炎灭活苗	肌肉注射

表 5-4　蛋鸭免疫参考程序

日龄	疫苗	方法
1	鸭瘟、鸭病毒性肝炎二联弱毒苗	饮水
6	鸭传染性浆膜炎灭活苗	肌肉注射
10	鸭瘟、鸭病毒性肝炎二联弱毒苗	饮水
15	鸭传染性浆膜炎灭活苗	肌肉注射
90	禽霍乱—大肠杆菌二联灭活苗	肌肉注射
	禽流感 H5、H9 二联灭活苗	皮下注射
100	鸭瘟弱毒苗	肌肉注射
110	禽霍乱—大肠杆菌二联灭活苗	肌肉注射
120	大肠杆菌灭活苗	肌肉注射
150	鸭瘟、鸭病毒性肝炎二联弱毒苗	滴口
180	禽流感 H5、H9 二联灭活苗	皮下注射

表 5-5　鹅免疫参考程序

日龄	疫苗	方法
1	小鹅瘟蛋黄抗体	肌肉注射
9～12	副粘病毒弱毒苗	肌肉注射
13～18	小鹅瘟蛋黄抗体	肌肉注射
20～22	禽流感 H5、H9 二联灭活苗	皮下注射

续表

日龄	疫苗	方法
30~35	禽流感 H5、H9 二联灭活苗	皮下注射
	副粘病毒弱毒苗	肌肉注射

📌 小贴士

一般来说，制订和调整免疫程序必须要经过疫病抗体、抗原监测，同时结合养殖场所的发病病史等资料综合考虑，最好找专业的执业兽医制订。

第三讲　兽医技术

一、免疫技术

（一）疫苗保管与制备

疫苗要按照不同的类型进行保管，一般来说弱毒苗应保存在-20 ℃以下的冰箱中，灭活疫苗应在-4 ℃环境中冷藏。

💡 友情提示

稀释后的疫苗均应在-4 ℃环境中冷藏。

疫苗制备时一定要按照说明书进行稀释，切勿自行配置稀释液稀释，稀释后的疫苗应尽快使用。

（二）滴鼻、点眼免疫

滴鼻、点眼适合雏禽初免。用手将雏禽轻握,拇指固定头部,将疫苗滴在眼结膜、鼻孔,按照免疫量确定两边是否都滴(图 5-1)。

（三）饮水免疫

该方法需注意:2 小时内饮完,饮水器要洁净,加适量脱脂奶粉或保护剂。

（四）羽毛囊涂擦

羽毛囊涂擦适用于痘苗接种。在家禽腿内侧拔毛 3~5 根,棉签蘸疫苗液,逆向涂擦。

（五）擦肛免疫

倒提鸡,将肛门黏膜翻出,用接种刷蘸取疫苗液刷肛门黏膜,至黏膜发红为止。

（六）刺种

刺种是用刺针蘸取疫苗液在翅膀内侧无毛处斜刺入皮下 1~2 次,至疫苗液完全被吸收为止(图 5-2)。

图 5-1　点眼、滴鼻　　　　图 5-2　刺种

（七）皮下注射

皮下注射是用注射器或连续注射器斜刺皮下，部位有颈、胸、腿、翅膀。

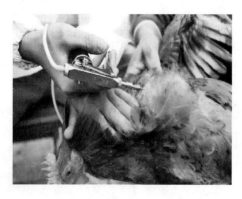

图 5-3　肌肉注射

（八）肌肉注射

肌肉注射时需小心，避免刺伤血管、神经、骨头，其部位有胸肌、腿肌（图 5-3）。

💡 **友情提示**

肌肉注射要注意针头，最好斜刺入肌肉，进针确保在肌肉中，过深容易扎到骨头和内脏。

（九）气雾免疫

气雾免疫适用于对呼吸道黏膜亲嗜性强的疫苗。气雾免疫时需紧闭门窗，禁止人员走动，5 倍量，雾滴直径 1~10 微米，距禽头上方 30~50 厘米。

二、中毒解救

（一）排除毒物

对于由消化道进入的毒物，可以从泄殖腔灌大量生理盐水，稀释毒物浓度，刺激胃肠蠕动，也可灌服硫酸钠。

（二）吸附毒物

内服药用炭，以吸附肠内毒物。

（三）对症下解毒剂

如家禽因有机磷中毒，可使用解磷啶或阿托品肌注。

三、采血技术

一般来说，禽场采血有翅下静脉采血和心脏采血两种，由于心脏采血易造成家禽死亡，所以一般不用，常用的为翅下静脉采血。

助手用左手握住家禽双腿，右手从前方抓住双翅根部，使翅向外展开，露出翅下静脉，右手轻压翅根部静脉，使翅下静脉暴起，在进针部位用碘伏和酒精消毒，然后进针采血。

采完血后要稍微斜面放置采血管，让血清自然析出，或者在离心机中离心析出血清。

翅下静脉采血　扫码观看

友情提示

采血后的血清应保存在−4 ℃环境中，不能冷冻保存。